W0258961

Peter Stritzl

Der deutsche TV-Kabelmarkt

Springer-Verlag
Berlin Heidelberg
GmbH

Peter Stritzl

Der deutsche TV-Kabelmarkt

Spiele ums Netz
Dynamik und Strategien

Unter Mitarbeit von Stefan Stoll

Springer

Peter Stritzl
Unter den Linden 39
10117 Berlin

ISBN 978-3-540-67632-4

Die Deutsche Bibliothek – CIP-Einheitsaufnahme

Stritzl, Peter: Der deutsche TV-Kabelmarkt : Spiele ums Netz ; Dynamik und Strategien / Peter Stritzl. Co-Autor: S. Stoll. - Berlin ; Heidelberg ; New York ; Barcelona ; Hongkong ; London ; Mailand ; Paris ; Tokio : Springer, 2002
ISBN 978-3-540-67632-4 ISBN 978-3-642-56387-4 (eBook)
DOI 10.1007/978-3-642-56387-4

http://www.springer.de

Ursprünglich erschienen bei Springer-Verlag Berlin Heidelberg New York 2002

Einbandgestaltung: de'blik, Berlin
Satz und Idee: peter hankel design, Augsburg www.peter-hankel-design.de

Gedruckt auf säurefreiem Papier SPIN: 10769127 68/3020 CU - 5 4 3 2 1 0 -

Prolog

Seit einigen Jahren vollzieht sich in unserer Gesellschaft ein tief greifender Umbruch. Ausgehend von US-amerikanischen Entwicklungen wird diese „Revolution“ in jüngster Zeit auch in Deutschland zunehmend spür- und erlebbar. Ihre Auswirkungen finden bereits in weiten Teilen der bundesdeutschen Gesellschaft und insbesondere in der Wirtschaft ihren nachhaltigen Niederschlag: Die innovativen Informations- und Kommunikationstechnologien (Iuk-Technologien) führen über die Etablierung neuer ökonomischer Regeln zu einer „Neuen Ökonomie“.

Auf der Angebotsseite, d.h. auf Seiten der Unternehmen, ist der Veränderungsdruck vergleichbar mit den Umwälzungen, die durch Dampfmaschinen, Gas und Elektrizität zu Zeiten der Agrarwirtschaft Ende des neunzehnten Jahrhunderts ausgelöst wurden. Heutzutage sind es die innovativen IuK-Technologien, die traditionelle Branchen und konventionelle Managementkonzepte unter Druck setzen. Überlebensfähig erscheinen nur jene Unternehmen, denen es gelingt, schnell und flexibel ihre Wertschöpfungsprozesse im Hinblick auf individualisierte Kundenwünsche zu optimieren. Über Intranet, Extranet sowie Internet lassen sich immer mehr Unternehmen sowohl intern als auch über die Unternehmensgrenzen hinweg vernetzen. Damit realisieren sie neue Formen der Geschäftsabwicklung, die ihrerseits deutliche Kostensenkungspotenziale mit sich bringen.

Mit der zunehmenden Vernetzung werden auch andere Strategiekonzepte für die Unternehmen relevant: Synthesen aus Kooperation und Konkurrenz (*Coopetition*) sowie „gegenseitiges Werden“ und „gemeinsame Entwicklungen“ (*Koevolution*) führen die Unternehmen fort vom herrschenden Paradigma der „Nullsummenspiele“ hin zu Konstellationen, in denen der Erfolg des einen auch zum Erfolg des anderen wird.

Auf Seiten der Nachfrager (der Konsumenten) führen neue Informations- und Kommunikationstechnologien, wie gerade das Internet, zu einer deutlichen Erhöhung der Markttransparenz und damit zu mehr Kundensouveränität und Wettbewerb. Der Kunde wird unabhängiger von Raum und Zeit bei der Auswahl und dem Kauf von Produkten und Leistungen. Der Marktplatz wird zu einem virtuellen Ort, über den Kommunikation und Interaktion zwischen Kunden und Unternehmen abgewickelt werden. Die Wertschöpfungskette, die einst durch zahlreiche räumliche und organisatorische Trennungen geprägt war, verwandelt sich in ein elektronisches Netzwerk, das Kunden, Unternehmen, Lieferanten und weitere Partner miteinander verbindet.

Die bahnbrechenden technologischen Innovationen des digitalen Zeitalters – da scheinen sich die Experten einig zu sein – werden Wirtschaft und Gesellschaft nachhaltig verändern. Art und Umfang dieser Veränderungen sind jedoch umstritten. So glaubt der amerikanische Publizist und Computerexperte Kevin Kelly „*Neue Regeln für die Neue Wirtschaft*" identifiziert zu haben, wobei er insbesondere auf neue ökonomische Gesetzmäßigkeiten hinweist. Die amerikanischen Ökonomen Carl Shapiro und Hal Varian kommen dagegen zu der Einsicht, „*Technologien verändern sich, die ökonomischen Gesetze jedoch haben Bestand*". Diese für die Zunft der Ökonomen in gewissem Maße beruhigende Aussage hat allerdings nur dann Gültigkeit, wenn man neueren Prinzipien der Wirtschaftswissenschaften Beachtung schenkt.

Im diesem Buch vertreten wir die Ansicht, dass es für das Verständnis der „Neuen (digitalen) Ökonomie", „Netz-" bzw. „Internetökonomie" keiner neuen Wirtschaftswissenschaften bedarf. Allerdings sind die ökonomischen Konzepte bzw. Regeln, welche die „neue Wirtschaft" (die Netzökonomie) charakterisieren, vielfach noch nicht geläufig, weshalb sie an verschiedenen Stellen Erläuterung finden.

Die elektronische Integration entlang der Wertschöpfungskette führt bei den Unternehmen zu Effizienzsteigerungen im Rahmen der Abwicklung ihrer Routineprozesse, woraus grundlegende Wettbewerbsveränderungen resultieren. So wird es für kleinere Unternehmen möglich, sich auf der Grundlage (digitaler) Netzwerke zusammenzuschließen und wie große Unternehmen am Markt zu agieren. Auf der anderen Seite können große Unternehmen derartige elektronische Partnerschaften nutzen, um in Nischen vorzustoßen oder über digitale Plattformen ihre (Einkaufs-)Macht zu bündeln.

Aufgrund der digitalen Revolution verändern sich somit die Wettbewerbsverhältnisse für alle Beteiligten. Dies macht neue Strategien auf Seiten der ökonomischen Akteure notwendig; Strategien, die sich an den neuen Wettbewerbsregeln ausrichten. Der Wettbewerb steht dabei für die „unsichtbare Hand" marktwirtschaftlicher Wirtschaftsysteme, welche neues Wissen sowie Innovationen und damit wirtschaftliche Dynamik garantieren. Für die Funktionsfähigkeit des Wettbewerbs auf allen Märkten zu sorgen, stellt eine staatliche Aufgabe, eine Aufgabe der Wirtschafts- bzw. Ordnungspolitik dar. Es darf jedoch nicht vorausgesetzt werden, dass sich der Wettbewerb auf den Märkten von selbst durchsetzt.

Diese Feststellung gilt insbesondere für jene Märkte, welche die notwendige Infrastruktur für die digitale Vernetzung der Welt zur Verfügung stellen. Die Liberalisierung im Telekommunikationsbereich erfolgte vor allem in der Absicht, den Kunden die Vielfalt einer digitalen Multimedia-Gesellschaft zu Wettbewerbspreisen zu erschließen. Unverzichtbare Voraussetzung dieser geplanten Revolution sind technologisch hochgerüstete Kabelnetze (digitale Nervenstränge), welche die dringend notwendige Medienvielfalt für das 21. Jahrhundert in der Bundesrepublik Deutschland ermöglichen.

Das bis vor kurzem vom Ex-Monopolisten Deutsche Telekom betriebene TV-Kabelnetz ist für solche technologischen Visionen und Strategien jedoch nicht geeignet. Kein Wunder, wenn man sich vergegenwärtigt, dass die Telekom über ein zweites Netz, das Telefonnetz, verfügt. Über dieses Netz bietet sie neben der Telefonie insbesondere Internetleistungen an. Ein entsprechend hochgerüstetes TV-Kabelnetz wäre somit ein lästiger Konkurrent im eigenen Hause gewesen, der eine massive Kannibalisierung des eigenen Geschäftes betrieben hätte. So kam es zu einer strategisch durchaus erwünschten, technologischen Veralterung der TV-Kabel und zur Hinnahme von Verlusten in Milliardenhöhe auf Seiten der Deutschen Telekom im Fernsehkabel-Bereich.

Die EU-Kommission erachtete dieses Doppelmonopol der Deutschen Telekom bei den Netzen für Telefon und Kabelfernsehen als wettbewerblich äußerst bedenklich und drängte daher die Telekom zum Verkauf ihres Netzes. Mit dem Verkauf des Netzes, insbesondere über die geforderten Verkaufskonditionen, war die Telekom aber in der Lage, nachhaltigen Einfluss auf die Wettbewerbssituation ihrer potenziellen Konkurrenten zu nehmen. In Abhängigkeit von der Höhe der Verkaufspreise verbleiben den Investoren mehr oder aber weniger Mittel zur dringend gebotenen technologischen Aufrüstung der Netze zu multimediatauglichen Breitbandnetzen. Auch die Frage, an welchen Investor die Deutsche Telekom das TV-Kabelnetz verkaufen wird, hielt Medien und interessierte Öffentlichkeit in Deutschland nachhaltig in Atem. Die Aussicht, beim Kabelfernsehen in Zukunft einigen wenigen US-amerikanischen „Kabel-Multis" ausgeliefert zu sein, verleitete manchen Kommentator zu einseitigen Stellungnahmen.

Eines kann festhalten werden: Mit dem TV-Breitbandkabel lässt sich ein moderner Endkundenzugang garantieren. Der Begriff Breitband steht für eine signifikante Kapazitätserweiterung der Kabelnetze, über die dann mehr Inhalte und Dienste transportiert werden können. In naher Zukunft werden die einzelnen Haushalte über die entsprechend aufgerüsteten Netze hunderte von Fernsehprogrammen empfangen und nach ihren individuellen Vorstellungen abrufen können. Mit der Bedienung eines Schalters der Fernbedienung können sie darüber hinaus auch den schnellen Wechsel zwischen Fernsehen und Internet realisieren. Ein Kabel und ein Fernseher sind somit die zentralen Voraussetzungen für einen einfachen und schnellen Zutritt zu den Inhalten der Multimedia-Welt.

Der Weg dahin erweist sich aber gerade in Deutschland als äußerst schwierig. Mit dem vorliegenden Buch versuchen wir den (wettbewerblichen) Kampf um die Kabelnetze als Spiel zu präsentieren. Der Begriff des Spiels mag auf den ersten Blick irreführend sein. So stellt die Etablierung eines funktionsfähigen Wettbewerbs im Kabelmarkt Deutschland mit Sicherheit kein Unterfangen dar, das man „spielerisch" zum Erfolg führen könnte. Auch darf der Begriff „Spiel" in diesem Kontext nicht dahin interpretiert werden, dass die Handlungen und Ergebnisse auf TV-Kabelmärkten letztlich ohne wirkliche Bedeutung wären und ohne Einflussnahme auf andere volkswirtschaftliche Bereiche verpufften. Vielmehr ist genau das Gegenteil der Fall.

Das Geschäftsleben lässt sich als ein Spiel in dem weiten Sinne interpretieren, dass unterschiedliche Akteure (Unternehmen, Kunden etc.) in der Verfolgung ihrer eigenen Ziele interagieren. Ein überlegt handelnder Marktteilnehmer muss somit im Rahmen seiner Entscheidungen mögliche Aktionen bzw. Reaktionen seiner Marktpartner berücksichtigen. In einem engeren Sinne verwenden wir daher den Begriff des Spiels zur Bezeichnung einer Entscheidungssituation, wobei die Spieler die Entscheidungsträger darstellen und eine Kombination von Entscheidungen für die konkrete Strategie (den Spielzug) steht.

Spiele bedürfen allerdings spezifischer Regeln. Gerade unter Berücksichtigung dieser Tatsache, wird die Verwendung des Spielbegriffs im Hinblick auf die Thematik „TV-Kabelnetze in Deutschland" sinnvoll. Grundsätzlich sind von Seiten der Wirtschaftspolitik jene Regeln vorzugeben, die einen funktionsfähigen Wettbewerb und eine menschenwürdige Wirtschaftsordnung gewährleisten *(vgl. Eucken 1990)*.

Das Regelsystem einer effizienten und damit erfolgreichen Volkswirtschaft umfasst u.a. die Zulassung von Privateigentum, Vertragsfreiheit und offenen Märkten sowie die Etablierung eines funktionsfähigen Preissystems. Neben diesen „konstituierenden" Prinzipien werden aber auch „regulierende" Prinzipien relevant, um Marktversagen in bestimmten Bereichen zu verhindern. Hierzu zählt insbesondere die Überwachung (und Regulierung) von Monopolen. So wie das Regelwerk beim Sport die Spielzüge bzw. Strategien und damit die (Spiel-)Ergebnisse bestimmt, so nimmt auch der institutionelle Rahmen (das ordnungspolitische Regelwerk) direkten Einfluss auf den Erfolg von Märkten und Branchen einer Volkswirtschaft.

Das Verhalten bzw. die Strategien der Akteure auf dem Markt für TV-Kabelnetze ist somit vom herrschenden Regelwerk abhängig. Mit Hilfe der Metapher des Spiels werden die einzelnen Mitspieler identifiziert und ihre Strategien (Spielzüge) im Hinblick auf wünschenswerte und unerwünschte (Spiel-)Ergebnisse analysiert. Dabei wird deutlich werden, welche Spieler für das Spiel „TV-Kabelnetze" wertvoll sind und welche dem Spiel eher schaden. So wird schnell offensichtlich, ob ein (neuer) Mitspieler einen Mehrwert in das Spiel einzubringen vermag oder nicht. Dieser Mehrwert erhöht tendenziell den Gewinn, der sich auf einem Markt (in einer Branche) realisieren lässt.

So präsentieren sich die Telefon-Ortsnetze als Sektoren, in denen monopolistische Vorteile der Deutschen Telekom noch immer zu Marktmachtproblemen führen können. Private TV-Kabelnetzbetreiber, die über einen direkten Endkundenzugang verfügen, sind hier wichtige Mitspieler, da sie zunehmenden Wettbewerb im Ortsnetz garantieren können. Auf der Ebene der Regelsetzung (Regulierungsbehörde) müssen solche Zugangsbedingungen (insbesondere für potenzielle private Netzbetreiber) geschaffen werden, die den Infrastrukturwettbewerb im Ortsnetz fördern helfen.

Die Strukturierung der ökonomischen Probleme des deutschen TV-Kabelmarktes in die drei Ebenen Regeln, Spieler und Strategien ermöglicht es somit, ursprünglich zusammenhängende Phänomene in einem ersten Schritt isoliert darzustellen und zu analysieren. Erst in einem zweiten Schritt werden die Zusammenhänge der einzelnen Ebenen untereinander näher beschrieben. Aufgrund der sich fast täglich ändernden Konstellationen und Strategien auf dem deutschen TV-Kabelmarkt ist das gewählte Abstraktionsniveau höher als die tagesaktuellen Entwicklungen, aber niedriger als eine ganz allgemein gehaltene Entwicklungsprognose. Das Buch versucht damit den Spagat zwischen der Beschreibung universeller Zusammenhänge und Regeln und der Darstellung der situationsangepassten Auswahl an Strategien für die erfolgreiche Erschließung und Gestaltung des deutschen TV-Kabelmarktes.

Inhaltsverzeichnis

Teil A

Ökonomische Grundlagen des Fernsehkabelmarktes

1 Neue Regeln und Strategien für neue Märkte

Liberalisierung der Telekommunikationsmärkte

Die Telekommunikationsmärkte befinden sich, spätestens seit ihrer vollständigen Liberalisierung zum 01.01.1998, in einem dynamischen Umbruch. Für die Konsumenten hat die Liberalisierung deutlich wahrnehmbare Vorteile in Form dramatisch sinkender Preise im Telefonfestnetz sowie in Form zusätzlicher Dienste und innovativer Endgeräte gebracht. Die technologischen Innovationen im Bereich der Mikroelektronik, die Einführung des Internet sowie die stürmisch zunehmende Bedeutung der Digitaltechnik werden die Volkswirtschaften auch in Zukunft stark beeinflussen und nachhaltig verändern.

Neue Spielregeln für die digitalen Märkte

Dabei ist das, was sich auf den Telekommunikationsmärkten vollzieht, sehr viel mehr als eine reine Erweiterung und Modernisierung eines bereits existierenden Marktes. Die Telekommunikationsmärkte unterliegen einer Revolution, welche die alten Regeln hinweggefegt und neue etabliert hat. Diese neuen Regeln machen allerdings auf Seiten der Marktakteure neue Strategien notwendig. Nur mit innovativen Strategien kann die Anpassung an die neuen Spielregeln ermöglicht und ein erfolgreiches Bestehen auf turbulenten Märkten garantiert werden.

Telekommunikation als Dynamikfaktor

Die Autoren dieses Buches sind der Überzeugung, dass diese neuen Regeln und Strategien weit über den Kreis weniger Telekommunikationsexperten hinaus bekannt sein sollten. Das ist zum einen deshalb wichtig, weil die direkten Konsequenzen der neuen Marktbedingungen bis in den einzelnen Haushalt hinein diffundieren und hier die Kosten für Telefongespräche, Internetzugang und -nutzung beeinflussen sowie über Umfang und Qualität der angebotenen Dienste bestimmen. Andererseits stellen die Telekommunikationsmärkte heute und in Zukunft einen zentralen Dynamikfaktor für das Wachstum unserer Volkswirtschaft und damit für den Wohlstand unserer Gesellschaft dar. Erfolgreiche Strategien auf diesen Märkten werden neue Arbeitsplätze schaffen und alte sichern (Stakeholder-Perspektive), den Aktionären aber auch Wertzuwachs für das eingesetztes Kapital bescheren

(Shareholder-Perspektive). Damit wird ein wesentlicher Beitrag für die Qualität und Attraktivität des Standortes Deutschland geschaffen.

Telekommunikationsmärkte weisen allerdings einige sehr spezifische Charakteristika auf, die, will man Entwicklungen auf diesen Märkten verstehen und beurteilen können, zur Kenntnis genommen werden müssen. Die Öffnung des Festnetzes für den Wettbewerb war das Ergebnis einer sich über Jahrzehnte hinweg erstreckenden Diskussion darüber, ob Wettbewerb auf diesen Märkten überhaupt möglich ist und ob er letztlich zu einer Wohlfahrtssteigerung führen wird.

Seit der Deregulierung des Festnetz-Marktes setzen die neuen Wettbewerber der Deutschen Telekom AG (DTAG) mächtig zu, was sich in deutlichen Preis- bzw. Tarifsenkungen widerspiegelt.

Monopol im Ortsnetz

Hat die DTAG damit ihre Monopolmacht verloren oder gibt es Felder, auf denen sie immer noch satte Monopolrenten abschöpfen und tatsächliche sowie potenzielle Konkurrenten behindern kann? Die letzte Teilfrage muss zum heutigen Zeitpunkt im Hinblick auf die Ortsnetze mit einem deutlichen Ja beantwortet werden. Vor diesem Hintergrund wird unter anderem der Frage nachgegangen, wie sich Wettbewerb in den noch von der DTAG monopolistisch dominierten Ortsnetzen schaffen lässt. Dabei werden insbesondere die Funktionen näher beleuchtet, die private Kabelnetzbetreiber in diesem Kontext spielen können. Es wird deutlich werden, dass die Entscheidung darüber, ob auf den Ortsnetzmärkten letztlich Wettbewerb realisiert werden kann, im Wesentlichen das Ergebnis der erfolgreichen Durchsetzung spezifischer gesetzlicher Rahmenbedingungen (Regeln) sowie hieran angepasster, innovativer Unternehmensstrategien sein wird. Diese Rahmenbedingungen müssen für den privaten Anbieter so gestaltet sein, dass ein finanzielles Engagement lohnenswert erscheinet.

Telekommunikationsmärkte weisen Netzstrukturen auf

Es gibt einige besondere Charakteristika des Telekommunikationsbereiches, die neue Regeln und neue Strategien notwendig werden lassen. So stellen die Telekommunikationsmärkte ein geradezu klassisches Beispiel für Märkte mit Netzstrukturen dar. Um Probleme der wettbewerblichen Öffnung dieser Märkte verstehen und um strategische Handlungen der Marktakteure auf diesen Märkten nachvollziehen

Netzökonomie für Netzmärkte

und prognostizieren zu können, muss auf Erkenntnisse des noch jungen Gebietes der Netzökonomie zurückgegriffen werden. Auf Netzproduktmärkten haben Produkte als Einzelstücke einen nur geringen oder überhaupt keinen Nutzen für den einzelnen Konsumenten. Erst durch die Kombination mit anderen Gütern, durch das Zusammenschalten mit anderen Verbrauchern, die dasselbe Produkt verwenden, erhält das eigene Produkt seinen Wert. So ist der exklusive Besitz eines Telefons wertlos, solange man der Einzige ist, der über dieses Gerät verfügt. Kommunikationsprodukte wie das Telefon, das Faxgerät oder das Internet sind klassische Beispiele dafür, dass der Anwendungswert dieser Produkte mit der Anzahl der Personen, die an dasselbe Netz angeschlossen sind und ebenfalls dieses Produkt nutzen, steigt. Die Telekommunikationsnetze sind die „Transportwege" bzw. „Autobahnen" für den Datenverkehr. Diese werden für eine Volkswirtschaft umso interessanter, je wertvoller und umfangreicher die über sie transferierten Inhalte *(Contents)* ausfallen. Zwischen Netzen und Inhalten bestehen somit „positive Komplementaritäten", die erkannt und im Rahmen der Unternehmensstrategien dringend berücksichtigt werden müssen.

Gerade bei den netzwerkgebundenen Informations- und Kommunikationstechnologien fällt das Innovationstempo besonders hoch aus, was seinen Niederschlag letztlich in der deutlichen Wachstumsdynamik dieser Märkte findet. Die Dynamik der Märkte bedingt einen Wettbewerb, der oftmals bereits vor dem Verkauf der ersten Produkteinheit in voller Härte entbrennt. Das liegt daran, dass die betroffenen Marktakteure die hohe Bedeutung erkannt haben, die eine installierte Basis bzw. eine strategische Plattform für das erfolgreiche Bestehen im Markt haben. Daher werden Strategien entwickelt, die darauf abzielen, möglichst schnell eine kritische Masse an Benutzern für das eigene Produkt zu gewinnen, da hiermit eine Kettenreaktion ausgelöst werden kann.

Installierte Basis bzw. strategische Plattform als Erfolgsfaktor

Nimmt die Anzahl der Kunden eines Netzproduktes zu, so wird der Anreiz für andere, auch Nutzer zu werden, ebenfalls zunehmen. Die Marktchancen eines auf Netzproduktmärkten tätigen Unternehmens sind somit im Wesentlichen von der Tatsache abhängig, ob es ihm gelungen ist, einen hohen Marktanteil zu erlangen und damit die „kritische Schwelle" zu überschreiten. Es ist der in der Vergangenheit erzielte Absatz, der aufgrund von Netzeffekten zukünftigen Absatz garantiert. Die Attraktivität eines Netzwerkes ist direkt von seiner Größe abhängig, weshalb sein Wachstum grundsätzlich weiteres Wachstum bewirkt.

Masse bzw. Größe als Wertquelle

Innerhalb der Netzökonomie sind es nicht mehr länger Knappheitssituationen, die den Wert eines Produktes bestimmen. Es ist Masse, welche die Knappheit als Wertquelle verdrängt. So genannte „positive Feedbacks" *(Increasing Returns)* dominieren die Marktregeln, wonach mit zunehmender Größe eines Netzwerks weitere Nutzer einen Anreiz erhalten, sich dem Netzwerk anzuschließen, was dann zu weiteren Netzeffekten führt. Im Hinblick auf den Wettbewerb zwischen Unternehmen und Technologien bedeutet dies, dass mit zunehmenden Marktanteilen auch das Vertrauen der Konsumenten in die Technologie bzw. in das Unternehmen zunimmt. Steigendes Vertrauen führt zur Bindung neuer Kunden an die Technologie oder das Unternehmen, was wiederum steigende Marktanteile bewirkt und zu einer Erwartungsstabilisierung hinsichtlich des Erfolges von Unternehmen bzw. Technologie auf Seiten der Marktteilnehmer führt. Abbildung 1 zeigt diesen Zusammenhang *(vgl. Zerdick et al. 1999 S. 157f.)*.

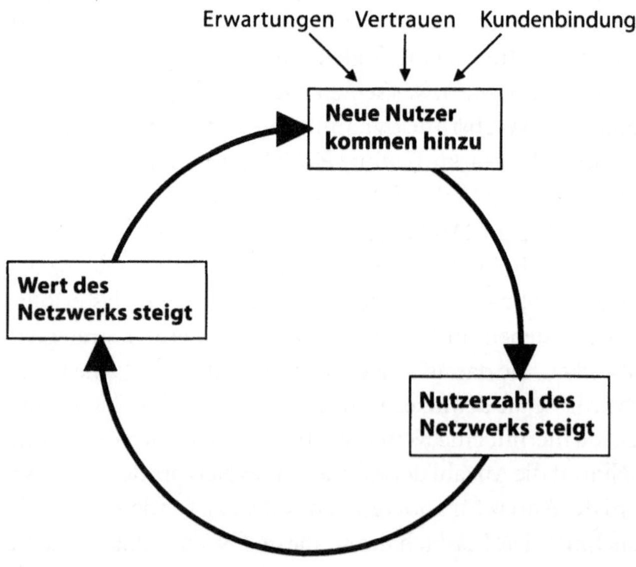

Abb. 1 Wachstumszusammenhänge in der Netzökonomie

An den genannten Regeln müssen erfolgreiche Unternehmen ihre Strategien unausweichlich ausrichten. Vor diesem Hintergrund wird auch klar, weshalb Banken, die ansonsten in hartem Wettbewerb zueinander stehen, sich gemeinsam in

Kreditkartengesellschaften organisieren oder weshalb ein einzelnes Unternehmen nahezu den gesamten relevanten Markt für Betriebssysteme von Personal Computern beherrscht *(vgl. Köster 1999, S. 1)*.

Zusammenhang zwischen Regeln und Strategien

Die Strategiewahl der Banken weist bereits auf die zentrale Bedeutung des Zusammenhangs zwischen Regeln und Strategien hin: Neue Regeln erfordern neue Handlungsweisen. Um auf einem Netzproduktmarkt bestehen zu können, müssen althergebrachte Vorstellungen über Wettbewerb und Konkurrenz – zumindest teilweise – über Bord geworfen werden. Erfolgreiches Bestehen am Markt hängt nicht mehr ausschließlich von der Fähigkeit ab, besser, schneller und preisgünstiger zu sein als die Konkurrenz. Zusätzlich zu diesem Wettbewerbsverständnis muss auch die Einsicht treten, dass es Markterschließungssituationen oder Geschäftsbedingungen gibt, die eine Kooperation mit der Konkurrenz auf manchen Gebieten notwendig machen – und das zu beiderseitigem Vorteil. Gerade die Erschließung des digitalen Fernsehmarktes macht eine derartige Zwillingsstrategie simultaner Kooperations- und Konkurrenzbeziehungen *(Coopetition)* notwendig. Das „Kooperationsspiel" verspricht hier für alle Beteiligten höhere wirtschaftliche Erfolge als das „Konfrontationsspiel".

Die konkreten Regeln für den deutschen TV-Kabelmarkt herauszuarbeiten und die Konsequenzen für die Unternehmensstrategien zu zeigen, ist zentrale Absicht dieses Buches. Die Analyse von Regeln und Strategien wird dabei im Wesentlichen auf zwei Hauptakteure fokussiert: Die Deutsche Telekom AG (DTAG) auf der einen Seite kann aufgrund ihrer früheren und teilweise auch noch aktuellen Monopolstellung den Markt in ihrem Sinne beeinflussen. Auf der anderen Seite werden private Kabelfernsehnetzbetreiber betrachtet, die auf den Netzebenen 3 und 4 tätig sind. Die zahlreichen Unternehmen auf der Netzebene 4 (hiermit ist jener Netzbereich angesprochen, der vom Übergabepunkt bis zur Kabelanschlussbuchse führt) verfügen über den direkten Kundenzugang und sind daher in der Lage, den im Ortsnetz noch weitgehend ausstehenden Wettbewerb zu bewirken. Die Betrachtung der Antagonisten DTAG und private Kabelnetzbetreiber stellt nach der hier vertretenen Auffassung interessantes und universalisierbares Anschauungsmaterial für die Analyse und das Verständnis der Funktionsweisen der Telekommunikationsmärkte im Allgemeinen sowie des deutschen TV-Kabelmarktes im Besonderen zur Verfügung.

Direkter Endkundenzugang der Betreiber der Netzebene 4

In diesem Zusammenhang werden auch die Konsequenzen des Verkaufs des Fernsehkabels der DTAG einer näheren Betrachtung unterzogen. Gerade an diesem Fall zeigt sich deutlich, dass auf den Telekommunikationsmärkten der Regelgestaltung, d.h. der staatlichen Regulierung bzw. Deregulierung, eine herausragende Bedeutung für die Schaffung der Voraussetzungen für Wettbewerb und Wachstum zukommt. Das Fernsehkabelsystem der DTAG mit über 18 Millionen angeschlossenen Haushalten bietet die Chance, die Bundesrepublik Deutschland in das Multimedia-Zeitalter zu befördern. Allerdings ist das Netz aufgrund seiner technologischen Ausstattung hierzu noch nicht in der Lage.

Die potenziellen Käufer bzw. Investoren werden Milliardeninvestitionen tätigen müssen, um die Multimedia-Vision für die Bundesrepublik Deutschland realisieren zu können.

Vor dem Hintergrund dieser Gegebenheiten stellte und stellt sich die interessante Frage nach der Höhe des für das DTAG-Netz zu entrichtenden Kaufpreises. Lässt man die DTAG einen Preis ungehindert festsetzen, so besteht die Gefahr einer überhöhten Preisforderung. Ein zu hoher Kaufpreis wird aber die finanzielle Situation der Investoren von vornherein schwächen. Die DTAG nimmt hier mittelbar Einfluss auf die Wettbewerbsfähigkeit ihrer zukünftigen Konkurrenten. Diesen Überlegungen steht allerdings die Forderung der Marktgesetze gegenüber, die jedem Marktteilnehmer erstmals die Freiheit lassen, einen Preis nach seinen Wünschen zu fixieren. Hiernach wäre es allein Aufgabe des Marktes, über die Nachfrageseite diese Forderung als zu hoch gegriffen zu entlarven.

Es hat sich in den vergangenen Jahren gezeigt, dass zahlreiche branchennahe sowie auch branchenfremde Unternehmen ein hohes Interesse an diesem Netz haben. Dabei waren es insbesondere nationale und internationale Finanzinstitute, die als Branchenfremde hohe Summen für das TV-Kabel zu zahlen bereit gewesen wären. Hier wurde allerdings eine Frage relevant, die leider viel zu selten gestellt wurde: Haben Kreditinstitute die erforderlichen Erfahrungen und Kernkompetenzen, um auf globalisierten Telekommunikationsmärkten überhaupt bestehen zu können? Oder ist es realistischer davon auszugehen, dass die Banken hier lediglich als „Händler" tätig werden wollten und ihr Engagement sich darauf beschränken würde, das Kabel nach einer gewissen Zeit technologisch unverändert, aber zu einem höheren Preis wieder zu verkaufen? Grundsätzlich sollte man festhalten, dass nicht jeder, der über das erforderliche „Kleingeld" zum Kauf eines Fernsehkabelnetzes verfügt, automatisch auch im Besitz spezifischer Marktkenntnisse und Ressourcen ist. Das Beispiel zeigt, dass nachweislich effiziente Marktgesetze auf den Telekommunikationsmärkten eine Relativierung ihrer Bedeutung erfahren müssen. Daher wurde nicht selten eine Regulierung des Kaufpreises durch die Regulierungsbehörde gefordert. Aber auch bei dieser Lösung blieben Zweifel an der Wirksamkeit eines solchen Vorgehens auf Seiten aller Beteiligten zurück. Probleme im Rahmen der Regulierung erwuchsen beispielsweise aus der Schwierigkeit der Regulierungsbehörde, einen umfassenden Einblick in das Rechnungswesen des Monopolisten nehmen zu können.

Es war somit nicht einfach ein Verfahren zu finden, welches den Verkauf des DTAG-Fernsehkabelnetzes in wettbewerblicher Sicht optimal regulieren würde. In den USA hat man in zahlreichen Fällen nicht auf den Wettbewerb innerhalb des Telekommunikationsmarktes gesetzt, sondern einen Wettbewerb um diesen Markt ausgerufen. Etablierte Monopolstellungen wurden in einem Auktionsverfahren *(Franchise Bidding)* versteigert. Dabei wurden die von den Bietern angebotenen Preis-Leistungs-Kombinationen als Auswahlkriterium eingesetzt. Interessenten reichten somit ein Angebot in Form eines Preises sowie in Form spezifischer Qualitätsmerkmale der zukünftigen Marktversorgung ein, die sie im Falle eines Zuschlages dann auch einhalten mussten. Allerdings zeigte die Praxis, dass aufgrund zahlreicher Mess- und Überwachungs- bzw. Kontrollkosten (d.h. aufgrund sog. „Transaktionskosten") bei diesem Verfahren teilweise erhebliche Schwierigkeiten auftraten *(vgl. Erlei et al., 1999,S. 251 ff)*. Die folgende Fallstudie soll exemplarisch ein Licht auf diese Probleme werfen, die als direkte Konsequenz der Durchführung eines Auktionsverfahrens *(Franchise Bidding)* im Rahmen des Aufbaus und des Betriebes eines Kabelfernsehsystems in den USA aufgetreten waren:

„Im Jahr 1969 entschloss sich die kalifornische Stadt Oakland, eine langfristige Franchise-Lizenz zum Aufbau und Betrieb eines Kabelfernsehsystems zur Versteigerung auszuschreiben. Im Anschluss an eine zehnmonatige Vorbereitung der Ausschreibung wurden die wichtigsten Anforderungen an die Anbieter bekannt gegeben. Unter anderem wurden folgende Punkte gefordert:

(1) Es sollte ein duales Kabelsystem eingerichtet werden. Im System A wurde die Versorgung mit den frei empfangbaren Sendern sowie zwölf weiteren Kanälen vorgesehen. System B sollte Spezialprogramme und andere Dienstleistungen bieten. (2) Die Franchisedauer wurde mit 15 Jahren angegeben. (3) Die Franchise-Gebühr sollte 8 % der Umsätze, mindestens jedoch 125.000,– $ betragen. (4) Es wurde ein präziser Zeitplan der Systemeinführung vorgegeben. (5) Für Verzögerungen wurden konkrete Strafzahlungen festgelegt. (6) Die Anbieter mussten ein konkretes Gebot für die Gebühr des Kabelsystems A abgeben. Diejenige für System B sollte erst später bestimmt werden.

Von den fünf eingereichten Geboten wies das der Firma Focus Cable of Oakland die niedrigsten Monatsgebühren für die Abonnenten auf, nämlich 1,70 $. Das zweitniedrigste Gebot des Unternehmens Cablecom-General of Northern California forderte 3,48 $, also mehr als den doppelten Betrag. Das dritte Angebot durch die Firma Tele Promp Ter Corporation (im folgenden: TPT) schließlich enthielt eine Monatsgebühr von 5,98 $, das ist mehr als das Dreifache des Focus-Angebots. Focus Cable verfügte weder über eine für das Projekt hinreichende Finanzkraft noch über anerkannte technische Kapazitäten, die es für dieses große Projekt hätten empfehlen können. Focus war jedoch ein lokal ansässiger Anbieter. Da sie zudem das mit Abstand günstigste Gebot unterbreitet hatte, wurde das Angebot nicht zurückgewiesen. Kurze Zeit später erklärte sich TPT, ein national anerkanntes Fachunternehmen mit entsprechender Finanzkraft, das zuvor noch die dreifache Gebühr gefordert hatte (s.o.), dazu bereit, zusammen mit Focus ein Joint Venture zur Realisierung des Focus-Angebots durchzuführen. Damit schienen die letzten Zweifel am Focus-Angebot ausgeräumt, und das Unternehmen erhielt den Zuschlag. Drei Monate später einigte man sich auf eine Monatsgebühr von 4,45 $ für System B.

Schon kurze Zeit nach dem Beginn des Projekts zeigte sich, dass die Kosten weit höher lagen als von Focus vermutet[1] *und dass auch der vorgeschriebene Zeitplan kaum einzuhalten war. Focus erbat schließlich Neuverhandlungen über die Vertragsbedingungen, die es so nicht einzuhalten in der Lage war. Nach Abwägung verschiedener Möglichkeiten, unter anderem auch der, das Vertragsverhältnis mit Focus aufzulösen, entschloss sich die Stadt Oakland, auf das Neuverhandlungsangebot von Focus einzugehen. Der resultierende Kompromiss entsprach im Wesentlichen den von Focus vorgegebenen Wünschen:*

[1] Die ursprüngliche Kalkulation von Focus veranschlagte Kosten in Höhe von $ 12,6 Mio., während die aktualisierte $ 21,4 Mio. aufwies.

(1) Der Zeitplan für den Systemaufbau wurde gestreckt. (2) Die Strafzahlung für Verzögerungen wurde in Anbetracht der Konkursgefahr für Focus Cable drastisch gekürzt. (3) Die Anforderungen an die Leistungsfähigkeit des Kabelsystems wurden verringert. (4) Die Gebühren für Zweitanschlüsse innerhalb eines Haushalts wurden erheblich erhöht (von ursprünglich 0,34 $ auf 1,7 $ für System A und 3,– $ für System B). Die ursprünglichen Bedingungen des Auktionsgebots von Focus Cable waren damit in weite Ferne gerückt.

Von den im Jahr 1973 erreichten Anschlüssen wählten 90 % der Haushalte den kombinierten System A/System B-Anschluss. Dies ist vor allem deshalb von Interesse, da nur die Gebühr von System A als Kriterium der Franchisevergabe berücksichtigt wurde, während der eigentliche Reiz des Kabelangebots aus der Sicht der Konsumenten offensichtlich in der Kombination von beiden Systemen lag. Berücksichtigt man ferner, dass eine Vielzahl von Beschwerden über die Qualität der Systeme durch die Kunden einging, so lässt sich zumindest feststellen, dass Franchise Bidding bei Vorliegen umfangreicher spezifischer Investitionen nicht zu den erhofften Idealwerten der vollkommenen Konkurrenz führen muss, wie sie die „einfache“ Theorie prognostiziert. Unklar bleibt allerdings auch, ob eine staatliche Regulierung zu besseren Ergebnissen geführt hätte. Denn für beide Alternativen, Regulierung und Franchise Bidding, gilt, dass sie nicht mit dem theoretischen First-best-Ideal verglichen werden sollten, sondern mit den real verfügbaren Möglichkeiten, und diese sind alle mit nicht vernachlässigbaren Transaktionskosten belastet“ (Erlei et al., 1999, S. 257f.; die Originalquelle für diese Fallstudie findet sich bei Williamson, 1985, S. 352ff.)

Die vielschichtigen Aspekte der Regulierung des Monopolisten DTAG werden in der vorliegenden Untersuchung immer wieder aufgenommen, wobei die Konsequenzen der konkreten Regelsetzung für die anderen Marktteilnehmer gezeigt werden.

Die für einen Markt geltenden gesetzlichen und kulturellen Regeln begrenzen den Handlungsspielraum der Marktteilnehmer und damit die Anzahl der möglichen, erfolgversprechenden Strategien. Innerhalb des politisch vorgegebenen Handlungsrahmens wählen die Unternehmen ihre Strategien realistischerweise nicht nach einem Optimierungskalkül, welches ein konstantes, ökonomisches Entscheidungsumfeld unterstellt, aus. Vielmehr müssen erfolgreiche Strategen die Tatsache berücksichtigen, dass die eigene Strategiewahl direkten Einfluss auf das Entscheidungsverhalten der anderen Marktteilnehmer nehmen kann. Die in jüngster Zeit vorgenommene Liberalisierungspolitik hat über den Abbau von Monopolstellungen in einer Reihe von Märkten zu einem oligopolistischen Wettbewerb geführt (als Beispiel ließe sich der deutsche Mobilfunkmarkt mit seinen drei großen Anbietern D1, D2 und E plus anführen).

Ein oligopolistischer Markt ist ein Markt mit nur wenigen Anbietern, woraus sich eine starke Reaktionsverbundenheit der einzelnen Marktteilnehmer untereinander ergibt. Neben dem Markt für Luftverkehr, dem Postmarkt und dem Energiemarkt weist insbesondere der Telekommunikationsmarkt oligopolistische Strukturen auf. Dabei ist zu beobachten, dass der Ex-Monopolist DTAG versucht – so gut es eben geht – trotz Deregulierung und des Markteintritts neuer Anbieter seine dominante Position zu halten.

Oligopolistische Interdependenzen der Anbieter

Aufgrund technologischer und finanzieller Markteintrittsbarrieren bleibt auf der anderen Seite die Anzahl der Anbieter auf dem deutschen Telekommunikationsmarkt recht überschaubar. Daher müssen die Anbieter ihre wechselseitigen Abhängigkeiten bzw. oligopolistischen Interdependenzen berücksichtigen: Der Erfolg eines Unternehmens ist nicht nur von den eigenen Preis-, Mengen-, Produkt- Werbe- und Innovationsentscheidungen abhängig, sondern auch von den Entscheidungen und Handlungen der anderen Unternehmen. Ebenso gilt umgekehrt, dass die eigenen Handlungen die Aktionen der anderen Marktteilnehmer beeinflussen. Die Berücksichtigung des interdependenten Marktverhaltens auf oligopolistischen Märkten ist u.a. Gegenstand der so genannten „Spieltheorie“. Die Spieltheorie befasst sich mit interaktiven Entscheidungssituationen, in denen strategische Handlungen unter expliziter Einbeziehung der Reaktionsmuster der Konkurrenten erfolgen *(vgl. Pfähler et al., 1998, S. 5 und S. 14)*.

Strategien von Unternehmen auf Telekommunikationsmärkten

Die vorliegende Untersuchung thematisiert somit Strategien von Unternehmen auf Netzproduktmärkten (genauer: auf TV-Kabelmärkten), wobei die einzelnen Marktteilnehmer sich gegenseitig beobachten und aufeinander reagieren können. Die Berücksichtigung von netzökonomischen Gesetzen, von handlungsbeschränkenden und anreizsetzenden Regeln sowie von strategischen Handlungen und ihrer Interdependenzen soll zu einem gesamthaften Zugang und Verständnis der Vorgänge auf Telekommunikationsmärkten führen. Die Autoren des vorliegenden Buches sehen ein großes Defizit bei der Wahrnehmung dieser Zusammenhänge. Ohne entsprechendes Wissen über die einzelnen Bereiche sowie ihres Zusammenwirkens können Telekommunikationsmärkte aber nicht verstanden und erfolgreiche Strategien nicht identifiziert werden. Unternehmer, Banker, Wissenschaftler, Politiker und die gesamte interessierte Öffentlichkeit müssen die Logik der neuen Märkte verstehen können, um Entwicklungen und Strategien auf ihnen überhaupt verstehen und prognostizieren zu können. Dieses Buch soll eine Hilfe auf dem Weg zu einem besseren Verständnis des Telekommunikationsmarktes sein. Die abschließenden Zitate sollen aus unterschiedlichen Perspektiven das Anliegen dieses Buches nochmals verdeutlichen:

„..., dass dem Menschen mehr und mehr ein ursprüngliches Verhältnis zur Wirklichkeit verloren gegangen sei: Fast uns allen fehlt heute die Kraft zur Wirklichkeit."

„Die Kraft zur Wirklichkeit wird sich aber nach Euckens Meinung nur dort einstellen, wo man die durch die Wirklichkeit aufgegebenen Fragen nicht als eine Art von intellektuellem Gedankenspiel behandelt, als ein bloßes l'art pour l'art, sondern als das, was sie sind. Die Wirtschaftspolitik hat mit Entscheidungen zu tun, die das Dasein der Menschen unmittelbar berühren. Es wird von den ordnungspolitischen Weichenstellungen abhängen, ob das Gesamtsystem funktionieren kann ..." (Edith Eucken im Vorwort zu Walter Euckens Grundsätzen der Wirtschaftspolitik, Eucken 1990, S. XVII f.).

„Aber der Wert der Wissenschaft besteht größtenteils darin, uns zu sagen, was geschehen würde, wenn einige Tatsachen anders wären, als sie sind. Alle Aussagen der theoretischen Wissenschaft haben die Form von „wenn ..., dann ..."-Aussagen, und sie sind interessant hauptsächlich insoweit, als die Bedingungen, die wir in dem „wenn"-Satz einfügen, verschieden von denen sind, die tatsächlich vorliegen."

„... während es der Hauptwert aller Wissenschaften ist, uns zu sagen, was die Konsequenzen wären, wenn die Bedingungen in einigen Hinsichten anders gefaltet würden, als sie jetzt sind" (v. Hayeck 1986, S. 32f.).

2 Digitale Nervensysteme und technologische Koevolution als Standortfaktoren im Informationszeitalter

Die stürmische Verbreitung innovativer Informations- und Kommunikationstechniken konfrontiert sowohl Konsumenten als auch Unternehmen mit neuen Herausforderungen, die es notwendig machen, tradierte Konzepte über den Aufbau und das Funktionieren zwischenmenschlicher Interaktionen zu revidieren. Der Einsatz innovativer Informationstechnologien hilft, bisherige räumliche, zeitliche und andere Barrieren zu überwinden und revolutioniert hierdurch sowohl die Arbeits- als auch die Freizeitwelt.

Dabei kann man sich dieser Entwicklung nicht mehr entziehen, ob es dem Einzelnen nun passt oder nicht. Die digitale Revolution katapultiert alle Bereiche unserer Gesellschaft kompromisslos in das, was man gemeinhin als das Informationszeitalter bezeichnet. Wer meint, sich den Gesetzen dieser Revolution widersetzen und in nostalgischer Träumerei die „gute alte Zeit" konservieren zu können, der wird untergehen.

Diese Feststellung mag auf einen ersten Blick ausschließlich auf die Geschäftswelt bezogen sein. Das Problem im Informationszeitalter ist nur, dass dessen Anforderungen unaufhaltsam auch in den Privat- und Freizeitbereich diffundieren. Vieles von dem, was in den 60er und 70er Jahren in Science-Fiction-Serien im Fernsehen zu sehen war, ist heute Realität geworden. Oftmals ist die Realität bereits weiter, als es sich die Drehbuchschreiber vor dreißig Jahren auszudenken wagten. Das „Raumschiff Enterprise" war und ist Science Fiction. Das digitale „Raumschiff Erde" ist Realität und wird zu unser aller unausweichlicher Zukunft. Im Geschäftsleben ist der professionelle Umgang mit Computern und ihrer leistungsfähigen Software nicht mehr wegzudenken. Wer in der Berufswelt zu bestehen oder gar Karriere zu machen beabsichtigt, der muss mit Systemsoftware von Microsoft, Sun oder Apple bzw. mit Finanzsoftware von SAP, Baan, Navision, Oracle etc. ebenso sicher umgehen können wie mit Messer und Gabel bei Tisch in der Kantine.

War das allein herumschwirrende Atom das Symbol für das zwanzigste Jahrhundert, so wird das Netz zum Sinnbild

Das Netz als Sinnbild der kommenden Jahrzehnte

der kommenden Jahrzehnte. Das Netz kennt kein Zentrum und keine Umlaufbahnen. Vielmehr steht es für alle Bereiche und Regionen, die es untereinander verbindet. Es repräsentiert die gesamte Intelligenz, das gesamte Wissen, alle Verbindungen, alle ökonomische und gesellschaftliche Interaktion sowie Kommunikation. Es verbindet Familien, Unternehmen und Regierungen. Wenn das Atom Sinnbild für klar strukturierte „Einfachheit" ist, dann steht das Netz für „unstrukturierte Komplexität" *(vgl. Kelly 1998, S. 9)*.

TV-Kabelnetze und Internet als technologische Infrastrukturen der Zukunft

In diesem Buch stehen Netze immer wieder im Mittelpunkt der Betrachtung. Neben den TV-Kabelnetzen wird auch das Internet Gegenstand von ökonomischen Analysen und Strategien sein. Aus einer technischen Perspektive betrachtet steht das Internet zuerst einmal für ein weltweites Netzwerk miteinander verbundener Computer, die alle ein gemeinsames Kommunikationsprotokoll, TCP/IP *(Transmission Control Protocol/Internet Protocol)* verwenden. Mit Hilfe von TCP bzw. IP wird den unterschiedlichen Netzwerken eine gemeinsame Sprache zur Verfügung gestellt, damit diese trotz unterschiedlicher lokaler Protokolle, wie Netware, Ethernet, miteinander interagieren können.

Das Internet ist aber längst aus dem Stadium einer Spielwiese für technikverliebte Exoten herausgewachsen. Vielmehr schafft es neue Märkte und neue Marktbeziehungen, die von einer stetig steigenden Zahl an Benutzern in Anspruch genommen werden. Zunehmend ist zu beobachten, wie das Internet Wirtschaft, Kultur und Freizeitverhalten unserer Gesellschaft verändert. So gewinnt der elektronische Handel im Internet *(E-Commerce)* ständig an Bedeutung. Von zu Hause aus kann man via Internet fast alles kaufen, wofür man ansonsten bei Wind und Wetter vor die Türe hätte treten und weite Wege in Kauf nehmen müssen: Vom häuslichen Schreibtisch aus lassen sich Bücher, Kleidung, Musik, Computer, Möbel, frische Lebensmittel etc. kaufen sowie Hotelzimmer reservieren, Bankgeschäfte tätigen, Antiquitäten auf Auktionen ersteigern und wissenschaftliche Recherchen durchführen. Hierdurch verschwinden einerseits alte Marktbeziehungen (und Märkte), wobei andererseits neue Geschäftsmöglichkeiten entstehen.

Eine wachsende Zahl von Unternehmen betreibt den Informationsaustausch im Bestellbereich, im Kundenservice oder in der Auftragsabwicklung über das Internet. Betriebswirtschaftliche Standardsoftwarepakete wie SAP R/3 tragen dieser Entwicklung Rechnung und schaffen von ihren Programmen aus Schnittstellen, die eine effiziente Anbindung an das Internet garantieren. Auch zur Eigendarstellung und Kommunikation wird das „Netz der Netze" zunehmend von Unternehmen, staatlichen Institutionen, der Presse, von Künstlern, Sportvereinen und Privatleuten genutzt.

Zunehmende Konvergenz der Medien

Das Internet ist das wohl stärkste Symbol des Informationszeitalters. Durch die zunehmende Konvergenz von Fernsehen, Telefon und Computer findet es eine rasend schnelle Verbreitung im globalen Dorf, und je mehr Menschen daran angeschlossen sind, desto höher ist der Nutzen, den der Einzelne aus seiner Netzanbindung zieht. Je mehr Menschen an das Netz angeschlossen sind, desto radikaler werden sich wiederum Arbeitswelt und privater Bereich verändern. Das Netz führt beide Bereiche räumlich zueinander und verändert unseren Arbeits- sowie Lebensstil.

Die langsam aber stetig sämtliche Bereiche unseres Lebens verbindende elektronische Intelligenz bildet eine digitale Infrastruktur, die zahlreiche Ähnlichkeiten zum biologischen Nervensystem aufweist. Im menschlichen Gehirn sind es aus Nervenzellen zusammengesetzte Netzwerke, welche eine Informationsverarbeitung bewerkstelligen, die das Leben und Überleben garantiert. Was die Größenordnungen betrifft, so ist das menschliche Großhirn mit seinen etwa 20 Milliarden Nervenzellen, von denen jede einzelne wieder mit bis zu 10.000 anderen Nervenzellen verbunden sein kann, einzigartig. Die Nervenzellen bzw. Neuronen sind auf die Informationsaufnahme und deren schnelle Weitergabe spezialisierte Zellen. Neuronen lassen sich als Schaltelemente interpretieren, die zahlreiche Eingangssignale in ein Ausgangssignal transformieren. Dabei werden die Eingangssignale dem Neuron von anderen Neuronen übermittelt. Durch ein biologisches Nervensystem werden Informationen übermittelt, die eine adäquate Anpassung an Umweltveränderungen bzw. eine schnelle Reaktion auf Gefahren ermöglichen. Es vermittelt Informationen, die als Entscheidungsgrundlage oder zur Reflexion von Problemen dienen.

Unsere Gesellschaft im Allgemeinen sowie die Wirtschaft im Besonderen benötigt ein vergleichbares Nervensystem. Es geht um die Fähigkeit, schnell und reibungslos sowohl auf günstige Gelegenheiten als auch auf kritische Situationen reagieren zu können. Es geht darum, den Menschen den Zugang zu weltweit zerstreutem Wissen zu ermöglichen und sie damit politisch, gesellschaftlich und kulturell zu emanzipieren. Der Begriff der Freiheit ist daher um den Aspekt des Anspruchs und der Möglichkeit auf ungehinderten Zutritt zum Wissen dieser Welt zu erweitern.

Digitales Nervensystem als sozioökonomisches Gegenstück zum biologischen Nervensystem

Das digitale Nervensystem, welches das gesellschaftlich-wirtschaftliche Gegenstück zum biologischen Nervensystem darstellt, steht für einen stetigen Informationsfluss, der die Informationsversorgung zur richtigen Zeit an der richtigen Stelle garantieren soll *(vgl. Gates 1999, S. 15 ff.)*. Das digitale Nervensystem ermöglicht Privatleuten wie Unternehmen die jeweils relevanten Gegebenheiten zu erkennen und entsprechend darauf zu reagieren. Informationen stellen die unverzichtbare Grundlage für wirtschaftliche, medizinische oder politische Entscheidungen dar. Sie können einfach nur konsumiert werden und der individuellen Unterhaltung dienen oder aber weitergeleitet und damit anderen zur Verfügung gestellt werden.

Die Verwirklichung eines digitalen Nervensystems in einer Volkswirtschaft setzt allerdings die gesellschaftliche und politische Einsicht in die Notwendigkeit seiner Realisierung voraus. Ist auf einer gesellschaftlich-politischen Ebene die Notwendigkeit und der Nutzen einer digitalen Infrastruktur erkannt worden, so ist ein ordnungspolitischer Rahmen zu gestalten, der innovativen Unternehmen Anreize zur erfolgreichen Umsetzung ihrer digitalen Strategien bietet. Dabei sind die Rahmenbedingungen insbesondere in Hinblick auf eine weitestgehende Ausschöpfung der so genannten „technologischen Koevolution" zu gestalten. Dieser Forderung liegt die These zugrunde, dass technologischer Fortschritt (technologische Evolution) im Grunde immer ein von mehreren Akteuren (beteiligten Unternehmen und Branchen) getragener Fortschritt (technologische Koevolution) ist.

So führte die Einführung von Autos zu einer Verdrängung des Pferdes als Verkehrs- bzw. Transportmittel. Mit den Pferden verschwanden aber auch solche „Branchen", die mit ihren Leistungen und Produkten eng an die Existenz dieser Tiere gebunden waren: Schmieden, Sattlereien, Geschirrmacher und Kutschenbauer sind seit der umfassenden Ausweitung des Autoverkehrs weitgehend ausgestorben. Aufgrund der Tatsache, dass immer mehr Autos produziert und gefahren wurden, kam es aber zu einem anderen, neuen Prozess der Koevolution: Die Erdölindustrie erlangte zentrale Bedeutung und erweiterte ihre Kapazitäten. Der Aufbau eines flächendeckenden Tankstellen- und Werkstättennetzes sowie die Asphaltierung von Straßen dokumentiert, dass das alte Netzwerk, welches um das Pferd aufgebaut wurde, durch ein neues, in dessen Mittelpunkt das Auto steht, ersetzt wurde. Die technologische Koevolution setzt auf „Komplementaritäten" zwischen verschiedenen Gütern oder Leistungen. Das bedeutet, dass der Nutzen eines Produktes oder einer Leistung durch den gleichzeitigen Konsum eines anderen Gutes erhöht wird. Der Nutzen bzw. die Freude am Autofahren wird zweifelsfrei durch die Asphaltierung der Straßen erhöht. Verfügt eine Volkswirtschaft über ein gut ausgebautes, modernes Straßennetz, so profitiert die heimische Automobilindustrie von einer hohen Nachfrage. Automobilindustrie und Straßenbauunternehmen stellen so genannte „Komplementoren" dar.

Wir werden zu einer ausführlicheren Analyse dieses Begriffes an anderer Stelle zurückkommen.

Netzcharakter der IuK-Technologien

Moderne Informations- und Kommunikationstechnologien zeichnen sich nicht nur aus einer technologischen Perspektive durch ihren Netzcharakter aus. Auch aus ökonomischer Sicht sind sie der Mittelpunkt einer Entwicklung, die zunehmend neue Märkte, Produkte und Arbeitsplätze – ein neues ökonomisches Netzwerk – generiert. Auf den modernen Informations- und Kommunikationsmärkten tobt die technologische Koevolution besonders ungehemmt: Die sprunghaft zunehmende Verarbeitungsgeschwindigkeit und Speicherfähigkeit der Prozessoren führt zu einer deutlich verbesserten Leistungsfähigkeit von PC, Notebook, Handy etc. Hierdurch lassen sich entsprechend komplexere und leistungsfähigere Softwarepakete einsetzen, die das Surfen im Internet ebenso problemlos bewerkstelligen wie das Senden oder Empfangen eines Fax über das Handy. Die neuen Informationstechnologien bewirken verbesserte Kommunikationsmöglichkeiten. Entwicklungen wie das Internet lassen dabei die Preise für den Informationstransport dramatisch fallen und begünstigen den zunehmenden Einsatz dieser neuen Technologien in Wirtschaft und Gesellschaft. Die sich gegenseitig beeinflussenden Faktoren der technologischen Koevolution finden ihren Niederschlag in der schnell wachsenden mehrdimensionalen Konvergenz der verschiedenen Technologien von Computer, Fernsehen, Internet und Telefon.

TV-Breitband- und Glasfaserkabel als innovative technologische Infrastrukturen

Die schnelle Ausbreitung innovativer Informations- und Kommunikationstechnologien sowie ihrer Dienste und Leistungen im Alltag hängt allerdings entscheidend vom Ausbau und dem technologischen Zustand der Übertragungswege bzw. Übertragungsnetze ab. In Analogie zur Asphaltierung der Straßen, die das Autofahren bequemer, schneller und kostengünstiger machen, sind Umfang, Qualität und Preise der angebotenen Informationsleistungen vom technologischen Zustand der Übertragungsnetze abhängig. Es macht einen großen Unterschied, ob die technologische Infrastruktur der Netze auf Kupfer- oder Glasfaserkabel basiert. Die Evolution innovativer Produkte und Leistungen im Informations- und Kommunikationssektor bedarf einer entsprechenden Evolution in den (komplementären) Netztechnologien. Technologische Koevolution bedeutet hier, dass es keinen Sinn hat, modernste Kabelnetze lediglich für die Übertragung dreier Fernsehprogramme anzubieten. Ebenso würden Innovationen wie Internet, Bezahlfernsehen *(Pay TV)* und nachfrageorientierte Programme *(Video-on-Demand)* wirkungslos verpuffen, wenn nicht entsprechend moderne Kabelnetze die Datenübertragung sowie die Anbindung an die Kunden garantieren.

Technologische Koevolution zwischen TV-Kabeln und innovativen Inhalten bzw. Diensten

Das im Dezember 1997 herausgegebene „*Grünbuch der Europäischen Union zur Konvergenz der Branchen Telekommunikation, Medien und Informationstechnologie*" fordert, über die Konvergenz von technischen Plattformen sowie den Einbau intelligenter und lernfähiger Software die Möglichkeiten für eine friktionslose Nutzung der neuen Technologien zu schaffen. Auf diese Art und Weise lassen sich milliardenschwere Fehlinvestitionen vermeiden und die grundsätzlich gegebene Marktträgheit bei der Einführung innovativer Technologien umgehen. Das Zusammenwachsen der technischen Plattformen sowie die Konvergenzprozesse im Informations- und Kommunikationssektor schaffen die notwendigen und sich permanent erweiternden Potenziale, die für den Einsatz und die Vermarktung neuer Informationstechnologien unverzichtbar sind.

Die Konvergenz von Technologien und Märkten stellt daher einen förderlichen Rahmen für innovative Informations- und Kommunikationsprodukte sowie -leistungen dar.

Neue Informations- und Kommunikationstechnologien tragen ihrerseits wiederum zu einer Beschleunigung der Konvergenzprozesse bei. Koevolution in reinster Form! Es ist

Technologische Plattformen sind aus technischen sowie ordnungspolitischen Gründen offen zu gestalten

wichtig, diese enormen gegenseitigen Abhängigkeiten zu kennen und bei Entscheidungen zu berücksichtigen. Dies führt der Verlauf der „d-box-Geschichte" klar vor Augen. Er macht deutlich, dass die zukünftig einzusetzenden technischen Plattformen zunehmend offen zu gestalten sind. Dies ist erstens aus technischen Gründen, zweitens aus Gründen der Kundenakzeptanz sowie drittens insbesondere aus Wettbewerbsgründen zu fordern *(vgl. Müller 1999, S. 21 f.)*.

Aspekte des Wettbewerbs und der Kundenorientierung werden im Folgenden immer wieder in den Mittelpunkt der Betrachtung gestellt werden. An dieser Stelle bleibt festzuhalten, dass moderne Informations- und Kommunikationstechnologien einen zentralen Standortfaktor für jede Volkswirtschaft im Zeitalter der Globalisierung darstellen. Dabei beeinflussen sich innovative Technologien und Globalisierung gegenseitig: Die Globalisierung ist dabei sowohl Rahmenbedingung als auch Folge der Implementierung neuer Informationstechnologien. Letztere bewirken grundlegende Veränderungen in Gesellschaft und Wirtschaft. Je schneller eine Volkswirtschaft sich dieser Änderungsdynamik anzupassen und diese selbst zu gestalten vermag, desto größer fallen die Chancen für neue und zukunftssichere Arbeitsplätze aus.

Es gibt keine Alternative zum „Ritt auf dem Tiger" in Richtung Informationsgesellschaft. Wer die Risiken eines schnellen Umbaus unserer Volkswirtschaft in diese Richtung einseitig in den Vordergrund stellt, der mag einfache Antworten auf hochkomplexe Problemstellungen bieten und hierdurch vielleicht kurzfristig einige Arbeitsplätze erhalten können. Eine derartige Politik bremst aber die Produktivität und damit die Wettbewerbsfähigkeit des jeweiligen Wirtschaftsstandortes und lässt zukunftssichere Arbeitsplätze erst gar nicht entstehen. Das Erfolgsmodell ist der schnelle „Ritt auf dem Tiger". Will man alle Möglichkeiten zur Produktivitätssteigerung im Informations- und Kommunikationsbereich nutzen, so ist davor zu warnen, den Tiger am Schwanz zu packen und sich der Illusion hinzugeben, ihn damit festhalten zu können. Vielmehr müssen der Mut und die Bereitschaft aufgebracht werden, sich auf ihn zu setzen und loszureiten. Mit der Erfahrung, dem Wissen und dem Mut innovativer, und damit gerade auch privater (mittelständischer) Unternehmer wird der Ritt dann auch gelingen *(vgl. Müller 1999, S. 23 ff.)*.

Welche Strategien die Unternehmen hierbei zu realisieren versuchen und welche politischen Rahmenbedingungen zu berücksichtigen sind, ist Gegenstand der folgenden Kapitel.

3 Von Regeln, Spielen und Strategien

3.1 Der Zusammenhang zwischen Spielregeln, Spielzügen und Effizienz

Liberalisierung und freier Wettbewerb bringen vielfältige Vorteile für die Kunden

Seit die Monopolmacht der Deutschen Telekom durch entsprechende (Regulierungs-)Maßnahmen beschnitten wird, blüht die deutsche Informations- und Kommunikationsindustrie auf. Innovative Produkte und Leistungen sowie ständig sinkende Preise sind ökonomische Segnungen, auf welche die Verbraucher ohne die Zulassung des freien Wettbewerbs noch heute vergeblich warten würden. Die kräftig sinkenden Telefongebühren und Kosten für die Internet-Nutzung, das Zusammenwachsen von Handy und schnurlosem Telefon sowie die Möglichkeit, über das TV-Kabel zu telefonieren, im Internet zu surfen und vom Büro aus die Heizung zu Hause einzuschalten, sind deutliche Belege dafür, dass die Informations- und Kommunikationsgesellschaft nicht zu einer Veranstaltung für die oberen Zehntausend mutiert. Vielmehr nehmen durch kundenorientierte Innovationen und Preissenkungen die Möglichkeiten und die Bereitschaft zum alltäglichen Einsatz der neuen Techniken zu. Damit lassen sich die vielfältigen Chancen der Informations- und Kommunikationstechnologien zugunsten der individuellen Wissenspotenziale, des Wohlstandes und der Beschäftigung in unserer Volkswirtschaft erschließen.

Struktur – Verhalten – Ergebnisansatz

In der Ökonomie betrachtet man das Verhalten der Unternehmen und die damit verbundenen Auswirkungen auf die Konsumenten als von der Marktstruktur abhängig. Die Marktstruktur wird durch die Anzahl der sich in einem konkreten Markt befindlichen Anbieter und Nachfrager charakterisiert. Sie beantwortet somit die Frage, ob es sich um einen Monopol-, Oligopol- oder aber um einen Wettbewerbsmarkt handelt. Die Marktstrukturen bedingen das konkrete Marktverhalten der Unternehmen. So zeigen Unternehmen auf Wettbewerbsmärkten ein anderes Verhalten bezüglich Preis- und Mengenverhalten, Kundenorientierung, Innovationen und Effizienz als ein Monopolunternehmen. Das Marktergebnis ist seinerseits vom konkreten Verhalten der Unternehmen abhängig. Das bedeutet, dass die Strategien und Verhaltensweisen der Unternehmen zu einem, aus Sicht der Konsumenten, erwünschten oder unerwünschten Marktergebnis führen.

Was versteht man aber in der Ökonomie unter dem abstrakten Begriff „Marktergebnis"? Das Marktergebnis wird aus Sicht der Kunden immer dann positiv ausfallen, wenn sich durch effizienten Faktor- und Technologieeinsatz Kostenreduktionen und damit sinkende Preise realisieren lassen. Des Weiteren erwarten die Konsumenten vom Marktergebnis eine Produktvielfalt, die ihren individuellen Präferenzen und heterogenen Bedürfnissen entspricht. Ein letzter Aspekt des Marktergebnisses nimmt auf die Unternehmen selbst Bezug: Unter dem Anspruch der „dynamischen Effizienz" wird von ihnen erwartetet, dass sie in die Entwicklung innovativer Technologien investieren und damit Arbeitsplätze für heutige und zukünftige Generationen garantieren.

Abb. 2 Struktur – Verhalten – Ergebnisansatz; in Anlehnung an Scherer/Ross (1990), S. 5

Abbildung 2 macht deutlich, dass der Staat direkten Einfluss auf Marktstruktur und Marktverhalten nehmen kann und hierüber mittelbar auch das Marktergebnis beeinflusst. Oftmals umstritten hierbei ist allerdings die Frage nach dem Umfang staatlicher Interventionen in das Marktgeschehen. Dabei ist festzustellen, dass der Eingriff staatlicher Instanzen in Marktprozesse deutlich anreizverzerrend und damit effizienzmindernd wirkt. Zu einer kurzen Begründung sei hier auf das Wissens- bzw. Informationsproblem sowie auf das Stimmenmaximierungsverhalten von Politikern verwiesen. Politische Entscheidungsträger haben nur in den seltensten Fällen, wenn überhaupt, konkretes Wissen über die Märkte, in welche sie eingreifen. Es ist der Unternehmer (Manager) vor Ort, der auf der Grundlage seines Wissens über die genauen Umstände seiner Branche und auf der Basis, mitunter verlustreicher, Erfahrungen mit den sich wandelnden Konsumentenpräferenzen sowie mit innovativen Konkurrenten und ihren Produkten seine erfolgreichen Entscheidungen trifft.

Des Weiteren erfolgen staatliche Interventionen in den Marktprozess, beispielsweise in Form von Subventionen, in der Absicht, (kosten-)ineffiziente Unternehmen vor den niedrigeren Preisen der Konkurrenz zu schützen. In der Regel sind derartige staatliche Eingriffe auf den konkreten Druck von Lobbyisten zurückzuführen. Berücksichtigung finden dabei insbesondere jene Gesellschaftsgruppen, die am besten glaubhaft machen können, dass die Wiederwahl der regierenden Parteien von ihren wirtschaftspolitischen (interventionistischen) Entscheidungen abhängig ist.

Bedeutung der Wirtschaftspolitik für Dynamik auf den Märkten

Trotz dieser Einwände ist der Staat in marktwirtschaftlich organisierten Wirtschaftssystemen nicht zur Untätigkeit verdammt. Ganz im Gegenteil fällt ihm die Aufgabe zu, jenen rechtlichen Rahmen zu gestalten, von dem möglichst optimale Anreize in Richtung eines erfolgreichen Wirtschaftens ausgehen. Der Staat hat die Gesamtheit der für alle Wirtschaftssubjekte verbindlichen Regeln – eine Rechtsordnung – festzulegen, die sich auf den Ablauf der Markt- und Wettbewerbsprozesse auswirken. Damit eine Branche im Einzelnen und eine Volkswirtschaft im Gesamten erfolgreich sein kann, sind auf einer übergeordneten Ebene entsprechende (Rechts-)Regeln von staatlicher Seite auszuwählen und zu implementieren *(Choice among Rules)*. Diese Regeln fixieren den Rahmen, in dem die Wirtschaftssubjekte ihre langfristigen (strategischen) und ihre operativen (alltäglichen) Entscheidungen treffen können *(Choice within Rules)*. So lassen sich unternehmerische Handlungen auf den Telekommunikationsmärkten als Spiele interpretieren, wobei durch die Spielregeln (staatlicher Ordnungsrahmen) festgelegt wird, welche Spielzüge (Strategien) den Spielern (Anbieter von Inhalten, TV-Kabelnetzbetreiber, Endgerätehersteller etc.) erlaubt und welche verboten sind.

Ebene der Spielregeln und Ebenen der Spielzüge

Der Erfolg bzw. die Effizienz einer Branche ist somit von Entscheidungen abhängig, die auf zwei ganz unterschiedlicher Ebenen getroffen werden.

- **Auf der konstitutionellen Ebene** haben politische Instanzen durch ihre Gesetzgebung einen Rahmen vorzugeben, innerhalb dessen Leistung, Eigeninitiative und innovatives Verhalten belohnt werden. Die Effizienz auf Informations- und Kommunikationsmärkten ist somit vom jeweiligen gesetzlichen Rahmen (hier u.a. vom Wettbewerbs- sowie vom Telekommunikations- und Multimediarecht) abhängig. Der deutliche Beweis für diese Aussage ist in den oben skizzierten konsumentenfreundlichen Entwicklungen zu entdecken, die seit der Deregulierung des Telekommunikationsmarktes beobachtbar sind. Die wirtschaftspolitischen Entscheidungsträger tragen im Zusammenhang mit der Gestaltung der erforderlichen Spielregeln große Verantwortung für das Wachstum der Märkte und den Wohlstand einer Volkswirtschaft. Die herausragende Rolle, die der staatliche Ordnungsrahmen für den Erfolg für Märkte und Volkswirtschaften besitzt, lässt sich an der unterschiedlichen Entwicklung und den unterschiedlichen Wachstumspotenzialen des US-amerikanischen Telekommunikationsmarkt im Vergleich zum deutschen Telekommunikationsmarkt beobachten *(ausführliches Zahlenmaterial hierzu ist aufgeführt bei Zerdick et al. 1999, S. 277ff.)*. So weist John Chambers, Chef des amerikanischen Netzwerk-Konzerns Cisco Systems Inc., darauf hin, dass staatliche Regulierung (!), fehlende Ausbildung sowie Infrastrukturprobleme (!) den Anschluss an die Kommunikationsgesellschaft (und hier insbesondere das Internet) übermäßig verteuere *(FAZ vom 20.03.99)*.

Chambers Visionen von der vollständigen Vernetzung des PCs über den Fernseher bis hin zu Klimaanlage, Kühlschrank und Mikrowellenherd sind nur ein Aspekt der technologisch-gesellschaftlichen Entwicklungen, die Deutschland nicht verpassen darf. Insbesondere die Schaffung der Möglichkeiten für private Haushalte über das gleiche Anschlusskabel digital fernsehen, telefonieren und faxen zu können sowie im Internet einzukaufen und sich die Informationen der Welt ins eigene Heim zu holen, stellen Chancen und Herausforderungen dar, denen sich die deutsche Wirtschaft stellen muss. In einem ersten Schritt müssen hierzu die entsprechenden Rahmenbedingungen geschaffen werden, damit die Unternehmen auch entsprechende Anreize haben, die nicht geringen Kosten und Risiken der Informationsökonomie auch zu schultern. In einem zweiten Schritt sind dann die Unternehmen bzw. unternehmerisch denkende und handelnde Menschen gefragt, womit man von der konstitutionellen Ebene zur Strategieebene gelangt.

- **Auf der Ebene der Spielzüge** richten die betroffenen Akteure ihre Strategien bzw. Handlungen an den staatlich vorgegebenen Spielregen (dem Ordnungsrahmen) aus. Die Regeln sollten daher derart gestaltet sein, dass die Wirtschaftssubjekte aus der Vielzahl von Handlungsmöglichkeiten jene auswählen, welche die Kreation, Realisierung und Verbreitung von Neuerungen sowie den effizienten Ressourceneinsatz belohnen. Von der Ausgestaltung der konkreten Rechtsordnung hängt es somit ab, ob die individuellen Handlungen der Wirtschaftssubjekte so kanalisiert werden, dass eine leistungsfähige Volkswirtschaft entsteht.

Die Effizienz einer Branche sowie Wachstum und Wohlstand einer Volkswirtschaft sind abhängig von der unternehmerischen Initiative, von den richtigen Produkt-Markt-Strategien sowie von konsequenter Kostenorientierung. Die Beschreibung und Analyse geeigneter Strategien auf der Ebene der Spielzüge wird den Schwerpunkt der Ausführungen in diesem Buch bilden. Dabei dürfen die situativen Rahmenbedingungen nicht unberücksichtigt bleiben. Jeder Spielzug muss im Hinblick auf die gegebenen Spielregen sowie die Aktionen anderer realer und potenzieller (Mit-)Spieler gesehen werden. Einen kurzen Überblick über die Zusammenhänge zwischen Regeln, Spielzügen und Effizienz gibt Abb. 3.

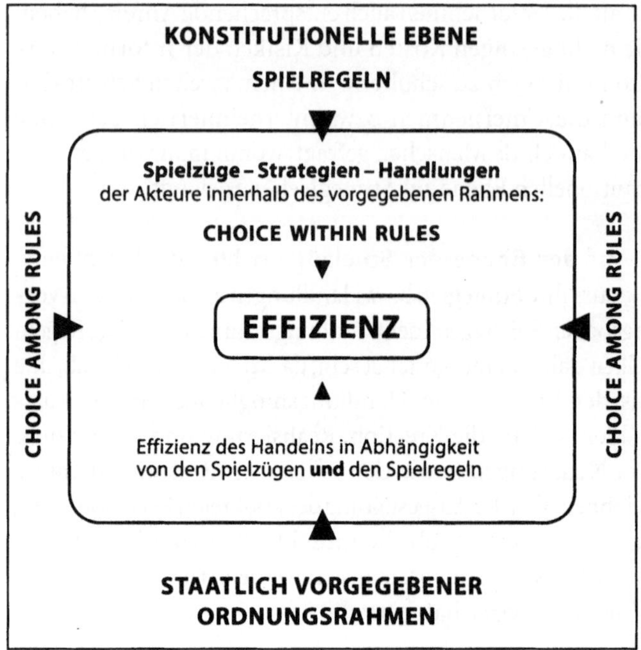

Abb. 3 Der Zusammenhang zwischen Spielregeln, Spielzügen und Effizienz

3.2 (Spiel-)Regeln – „Leitplanken" für wirtschaftliche Aktivitäten und Erfolg

Sportfreunde wissen, dass der Charakter und der Reiz von Sportarten (Spielen) wie Fußball, Ski-Riesenslalom oder Tennis von den gegebenen Regeln abhängen, unter denen diese Wettkämpfe durchgeführt werden. Durch die Regeln, wie Abseits beim Fußball, Ausscheiden bei fehlerhafter Tordurchfahrt im Slalom sowie Doppelfehler beim Tennisaufschlag, erhalten Spiele eine Struktur. Im Allgemeinen lassen sich Regeln als Instrumente zur Verhaltenssteuerung interpretieren. Gesellschaftliche sowie ökonomische Interaktionen benötigen Regeln zur Unsicherheitsreduktion. Unternehmen werden nur dann Güter produzieren und verkaufen sowie Forschung betreiben und in neue Produktionsanlagen investieren, wenn sie mit einer gewissen Sicherheit davon ausgehen können, dass sich ihre Erwartungen auch erfüllen werden. Regeln kanalisieren menschliches Verhalten und wirken wie „Leitplanken" beschränkend auf die individuellen Handlungsspielräume ein. Sie schließen unerwünschte Verhaltensweisen, in der Regel durch die Androhung von Sanktionen aus, und geben gerade im Rahmen wirtschaftlicher Interaktionen Planungssicherheit *(vgl. Schanz 1994, S. 68).*

Einflussfaktoren auf das Wachstum moderner Volkswirtschaften

Will man das über Jahrzehnte hinweg erreichte Wachstum von Produktivität und Einkommen in den westlichen Volkswirtschaften erklären, so lassen sich eine ganze Reihe von Einflussfaktoren identifizieren *(vgl. zu den folgenden Ausführungen Kasper et al. 1999, S. 13 ff.).*

In den vierziger und fünfziger Jahren des 20. Jahrhunderts wurde die Bedeutung von Kapital bzw. der Kapitalakkumulation (Spar- und Investitionsvolumen) für das wirtschaftliche Wachstum herausgestellt. Bereits in den fünfziger Jahren jedoch erfolgte eine Erweiterung dieser Perspektive um die Größen Arbeitsangebot und technischer Fortschritt. Man hatte beobachtet, dass innovative Technologien zu Produktivitätssteigerungen in dem Sinne führen, dass sich konstant gehaltene Einsatzmengen an Kapital und Arbeit in mehr Ausbringungsmenge transformieren lassen. In den sechziger Jahren erkannte man im „Humankapital", d.h. in der Bildung und der Erfahrung der Wirtschaftssubjekte, einen zusätzlichen Faktor, der positiven Einfluss auf das Wachstum einer Volkswirtschaft nimmt. Es wurde deutlich, dass „weiche" Faktoren wie technisches und organisatorisches Wissen sowie Erfahrungs- und Lernpotenziale eine Verbesserung der Effizienz der „harten" Faktoren Arbeit und Kapital bewerkstelligen. Bald darauf wiesen Beobachter des wirtschaftlichen Wachstums auf die Bedeutung von natürlichen Ressourcen hin und einige (Club of Rome) warnten vor einer baldigen Erschöpfung dieser Ressourcen.

Da sich das wirtschaftliche Wachstumsphänomen mit allen diesen Einflussgrößen aber immer noch nicht hinreichend erklären ließ, wurde zunehmend den Theorien solcher Ökonomen Beachtung geschenkt, die Wachstumsprozesse insbesondere auch auf strukturelle Flexibilität zurückführen. Empirisch ließ sich nachweisen, dass Volkswirtschaften mit einer hohen Preisflexibilität (insbesondere auf Arbeitsmärkten) sowie einer hohen Faktormobilität tendenziell Volkswirtschaften mit starren, inflexiblen Strukturen überlegen sind. Dabei ist festzustellen, dass es oftmals Entscheidungen auf politischer (gesetzgeberischer) Ebene sind, die eine schnelle Anpassung ökonomischer Variablen und Strukturen an veränderte Rahmenbedingungen erschweren oder unmöglich machen.

Zentrale Einflussfaktoren auf das wirtschaftliche Wachstum

- (Real-)Kapital
- Arbeit
- technologischer Fortschritt
- Ausbildung und Erfahrung („Human Capital")
- natürliche Ressourcen
- strukturelle Anpassungsfähigkeit

Abb. 4 Bestimmungsfaktoren des wirtschaftlichen Wachstums

Mit der Identifizierung jener überwiegend makroökonomischen Faktoren, welche wirtschaftliches Wachstum bedingen, darf die Analyse jedoch nicht enden. Sie ist vielmehr um eine verstärkt mikroökonomische sowie um eine institutionenökonomische Betrachtung zu erweitern *(vgl. zu den folgenden Ausführungen Kasper et al. 1999, S. 17 ff.)*.

Auf einer mikroökonomischen Ebene ist detaillierter auf die Bedeutung des Wissens einzugehen. Dabei sind die Fragen nach dem besten Verfahren zur Entdeckung neuen, zielorientierten Wissens sowie seiner Erprobung und erfolgreichen Anwendung zu beantworten. Darüber hinaus ist zu klären, was Unternehmer dazu veranlasst, die Produktion überhaupt aufzunehmen sowie Innovationen einzuführen und damit entsprechende Risiken zu übernehmen sowie strukturelle Veränderungen voranzutreiben. Antworten auf diese Fragen lassen sich aus den Erkenntnissen der „Marktprozesstheorie" ableiten. Die Marktprozesstheorie wurde insbesondere durch die Ökonomen Menger, von Mises, Schumpeter, von Hayek und Kirzner (österreichische Schule der Nationalökonomie) geprägt. Ausgangspunkt dieses Ansatzes ist die Beobachtung, dass das Wissen zwischen den handelnden Akteuren in einer Gesellschaft ungleich verteilt ist. In einer Welt derartiger Informationsasymmetrien kommt dem Unternehmer eine zentrale Rolle zu. So bezeichnet Schumpeter die Innovationsfunktion als fundamentale Aufgabe der Unternehmer im Marktprozess. Kirzner betont die „Findigkeit" und damit die Arbitragefunktion unternehmerischen Handelns. Unternehmerische Findigkeit steht dabei für aktives und kreatives Handeln. Unternehmerische Fähigkeiten artikulieren sich im Entdecken der Ungleichverteilungen von Wissen und Können innerhalb einer Volkswirtschaft. Im Erkennen von wirtschaftlich relevanten Informations- bzw. Wissensvorsprüngen sowie in der praktischen Nutzbarmachung solcher Unterschiede muss die grundlegende Aufgabe des Unternehmers und des dynamischen Wettbewerbs gesehen werden.

Zentrale Einflussfaktoren auf das wirtschaftliche Wachstum

- (Real-)Kapital
- Arbeit
- technologischer Fortschritt
- Ausbildung und Erfahrung („Human Capital")
- natürliche Ressourcen
- strukturelle Anpassungsfähigkeit

▲

Unternehmer als treibende Kraft des wirtschaftlichen Fortschritts und Wachstums

- Innovationsfunktion
- Arbitragefunktion
- Risikoübernahmefunktion

Abb. 5 Unternehmertum und wirtschaftliches Wachstum

Die Vertreter der Marktprozesstheorie legen besonderen Wert auf die Erkenntnis, dass die Zunahme von Wissen bzw. von Innovationen und damit die wirtschaftliche Prosperität einer Gesellschaft letztlich auf risikobereite und entdeckungsfreudige Unternehmer zurückzuführen ist. Es ist allerdings wichtig zu erkennen, dass Unternehmer nur dann Risiken eingehen und innovativ handeln werden, wenn ihnen für den Fall wirtschaftlichen Erfolges entsprechende materielle Vorteile winken. Dazu müssen die Unternehmer dem Druck eines permanenten Wettbewerbs ausgesetzt sein, um überhaupt einen Anreiz für die Suche nach neuen Produkten und/oder Produktionsverfahren zu haben. Die Fähigkeit zur erfolgreichen Generierung und Verbreitung neuen Wissens hängt wiederum von der Spezialisierung und Kooperationsbereitschaft der jeweiligen Unternehmen bzw. Wirtschaftssubjekten ab. Verbesserte Formen der Arbeitsteilung bzw. die Konzentration auf Kernkompetenzen stellen eine wichtige Voraussetzung für wirtschaftliches Wachstum dar.

In jüngerer Zeit wird in zunehmendem Maße dem Regelwerk einer Volkswirtschaft als wesentlichem Einflussfaktor auf das wirtschaftliche Wachstum Beachtung geschenkt. Wirtschaftshistorische Untersuchungen belegen, dass ökonomischer Erfolg bzw. Misserfolg einzelner Volkswirtschaften von der Entwicklung bzw. Unterentwicklung entsprechender Institutionen abhängt. Institutionen repräsentieren die Gesamtheit an Verhaltensregeln einer Volkswirtschaft, die sich in konkreten Anreizen für individuelle Handlungen ausdrücken. Institutionen im Sinne formeller Regeln, wie Eigentumsrechte, Vertragsfreiheit oder Gesetze gegen unlauteren Wettbewerb, werden von Menschen benötigt, um Transaktionen zu strukturieren, Ordnungen herzustellen und um Unsicherheiten in den Austauschbeziehungen zu reduzieren. So lässt sich beobachten, dass z.B. das Grundrecht der freien Entfaltung der Persönlichkeit, gesetzlich garantierter Vertragsschutz sowie das Eigentumsrecht Institutionen darstellen, welche die Kapitalakkumulation und freie Marktbeziehungen zum Wohle einer gesamten Volkswirtschaft begünstigen. Geschäftsbeziehungen stellen in der heutigen Zeit ein komplexes und dynamisches Netzwerk gegenseitiger Abhängigkeiten dar. Aus diesem Grund sind die vielfachen geschäftlichen Interaktionen bzw. Transaktionen in hohem Maße von gleichsam fairen wie verlässlichen Regeln (Institutionen) abhängig, denen die Betroffenen vertrauen können. Eine falsche Ausgestaltung dieses Regelwerkes, so zeigt der wirtschaftshistorische Vergleich zwischen Nationen mit hohem und solchen mit niedrigem Wohlstand, führt unweigerlich zu Effizienzverlusten und damit zu Wachstumseinbußen.

Eine zentrale These dieses Buches ist, dass sich die Wachstums- und Wohlfahrtspotenziale moderner Informations- und Kommunikationsmärkte nur bei entsprechender Ausgestaltung des relevanten Regelwerkes erschließen lassen. Komplexe ökonomische Beziehungen, wie sie auf freien, globalisierten Märkten vorzufinden sind, können sich letztlich nur innerhalb eines geeigneten rechtlichen Rahmens entwickeln, der weite Handlungsspielräume eröffnet, aber auch deren Grenzen deutlich fixiert.

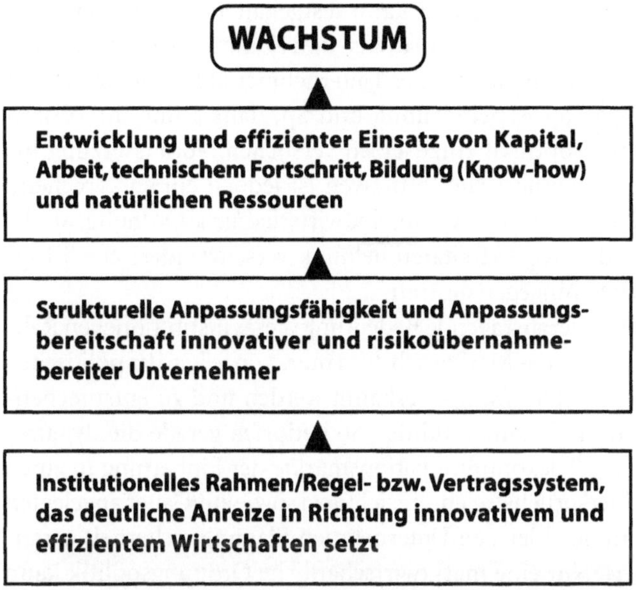

WACHSTUM

▲

Entwicklung und effizienter Einsatz von Kapital, Arbeit, technischem Fortschritt, Bildung (Know-how) und natürlichen Ressourcen

▲

Strukturelle Anpassungsfähigkeit und Anpassungsbereitschaft innovativer und risikoübernahmebereiter Unternehmer

▲

Institutionelles Rahmen/Regel- bzw. Vertragssystem, das deutliche Anreize in Richtung innovativem und effizientem Wirtschaften setzt

Abb. 6 Die Bedeutung von institutionellen Regelungen für Unternehmerverhalten und Wachstum

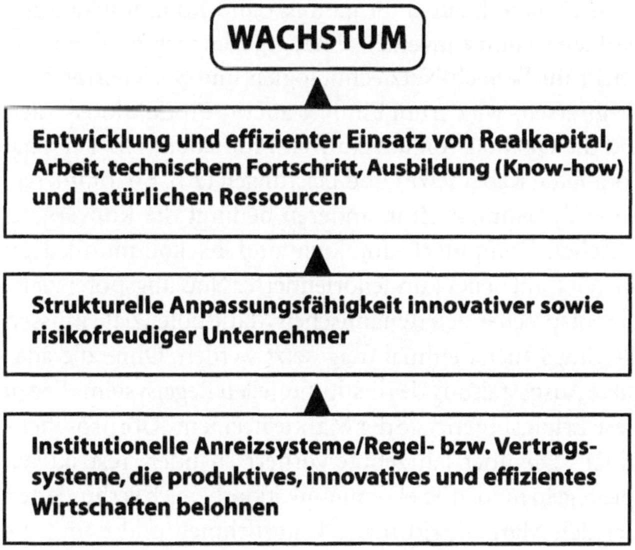

WACHSTUM

▲

Entwicklung und effizienter Einsatz von Realkapital, Arbeit, technischem Fortschritt, Ausbildung (Know-how) und natürlichen Ressourcen

▲

Strukturelle Anpassungsfähigkeit innovativer sowie risikofreudiger Unternehmer

▲

Institutionelle Anreizsysteme/Regel- bzw. Vertragssysteme, die produktives, innovatives und effizientes Wirtschaften belohnen

Abb. 7 Die Interdependenz der Voraussetzungen für Wachstum auf IuK-Märkten

Zusammenfassend kann festgehalten werden, dass das Wachstum auf Informations- und Kommunikationsmärkten von der Initiative freier Unternehmer abhängig ist, die im Zuge von Arbeitsteilung und Spezialisierung ihr Wissen ertragsoptimal einzusetzen versuchen. Voraussetzung für unternehmerische Initiativen ist jedoch ein entsprechend gestaltetes Anreizsystem, eine wirtschaftliche Ordnung, welche produktive Aktivitäten belohnt, verschwenderische Tätigkeiten hingegen bestraft.

Die herausragende Bedeutung dieses institutionellen Rahmens für das Marktwachstum muss von Seiten der politischen Entscheidungsträger erkannt werden und zu entsprechenden Maßnahmen führen. So bedürfen gerade die dynamischen Telekommunikationsmärkte der Einbettung in einen widerspruchsfreien, einsichtigen sowie auf Dauer angelegten Rahmen, der den Unternehmen Planungssicherheit garantiert. Nur eine marktwirtschaftliche Ordnungspolitik kann garantieren, dass die Vorteile moderner Informations- und Kommunikationstechnologien allen Gesellschaftsgruppen nachhaltig zugute kommen. Zur Realisierung dieses Zieles muss die Ordnungspolitik die Voraussetzungen für die Schaffung und Beibehaltung eines freien Wettbewerbs schaffen.

Die Dynamik auf Informations- und Kommunikationsmärkten ist nun zum einen abhängig vom technischen Fortschritt im Bereich Netztechnologien und Speichermedien, die ihrerseits wiederum Einfluss auf die Produktionskosten und die Qualität von innovativen Produkten (z.B. Personal Computer, Kabelnetze) und Leistungen (z.B. E-Commerce, Pay-TV) nehmen. Zum anderen bedingt die Konvergenz zwischen Computertechnologie und Telekommunikation eine Vielzahl neuer kundenorientierter Nutzungspotenziale. Die entsprechenden dynamischen Marktpotenziale müssen allerdings zuerst einmal freigesetzt werden. Ohne die adäquate Ausgestaltung des institutionellen Regelsystems liegen diese Erfolgspotenziale der Märkte in einem „Dornröschenschlaf". Die über Jahrzehnte vorherrschenden, restriktiven Spielregeln für den Telekommunikationsbereich verhinderten hier den Marktzutritt neuer Unternehmen und damit die erforderlichen Investitionen in technologische Entwicklungen und Erneuerungen. Die schon sprichwörtliche Dynamik der letzten Jahre auf den Telekommunikationsmärkten ist das erfreuliche Ergebnis entsprechender Regeländerungen.

Die Deregulierung bewirkte einen grundlegenden Strukturwandel auf den nationalen wie internationalen Telekommunikationsmärkten. Aufgrund ihrer ökonomischen sowie technischen Besonderheiten stellte die Telekommunikation jahrzehntelang einen Ausnahmebereich dar, in dem Wettbewerb unmöglich erschien. So sah man insbesondere in netzspezifischen sowie technologiebedingten Gegebenheiten Gründe für die Unmöglichkeit eines funktionsfähigen Wettbewerbs auf Telekommunikationsmärkten. Auf der Angebotsseite waren es Größenvorteile und versunkene Kosten, nachfrageseitig Verbundvorteile und Externalitäten, welche als kennzeichnende Strukturfaktoren Telekommunikations- und Medienmärkte beeinflussten *(vgl. Merkt 1998, S. 21)*.

Deregulierung bewirkt Strukturwandel und Effizienzsteigerungen auf den Telekommunikationsmärkten

3.3 Nachfrageseitig ausgehende Marktstrukturveränderung

In den vergangenen Jahren ließ sich sowohl ein genereller Anstieg der Nachfrage nach Telekommunikationsleistungen als auch eine Veränderung in der Nachfragestruktur beobachten. Bei der Analyse dieser Tatsachen sind einige Spezifika, die im Rahmen der Nachfrage nach Telekommunikationsleistungen eine besondere Rolle spielen, zu berücksichtigen. Als ursächlich für diese Besonderheiten wird der Netzcharakter der Telekommunikationsmärkte angesehen *(vgl. zu den folgenden Ausführungen Merkt 1998, S. 23 ff.)*. Dabei sind es zwei Elemente, die in diesem Zusammenhang eine besondere Rolle spielen:

- Der „Konsum" von Telekommunikationsdiensten beeinflusst direkt die Nachfrage nach komplementären Produkten und Leistungen.

- Die Nachfrage eines individuellen Nutzers ist mit den Konsumentscheidungen anderer Nutzer verbunden.

Zur Erläuterung dieser beiden Punkte hat man sich zu vergegenwärtigen, dass ein Telekommunikationssystem im Wesentlichen aus den beiden Subsystemen „Netzanschluss" (bzw. Netzzugang) und „Netzdiensten" besteht. Beide Subsysteme besitzen zwar ihre individuellen Nachfragepotenziale, diese werden aber komplementär zueinander „konsumiert".

Aufgrund dieser Komplementarität wird die Nachfrage nach Netzdiensten (z.B. Anzahl der Gesprächsminuten pro Monat) auch von Preis und technologischer Ausgestaltung des Netzanschlusses bestimmt. Attraktive „Netzdienste" (attraktive Inhalte) machen entsprechende Investitionen in gleichsam preiswerte wie technologisch effiziente Netzinfrastrukturen notwendig.

Nur auf Basis innovativer Netzinfrastrukturen lässt sich die allgemein deutlich gestiegene Nachfrage der Konsumenten nach innovativen Diensten und Leistungen im Telekommunikationssektor bedienen. Der Wunsch nach Produktvielfalt stellt dabei einen zentralen Trend in der Telekommunikation dar. Sei es die Nachfrage nach Videokonferenzen und extrem schnellen Datendiensten bei den Geschäftskunden oder Video on Demand und intelligentes Wohnen bei den Privatkunden: das Nachfrageverhalten ist gekennzeichnet durch hohe Anforderungen an die Übertragungskapazität und -geschwindigkeit sowie durch differenzierte Ansprüche im Hinblick auf die Dienstevielfalt und die Individualisierung des Angebots.

3.4 Angebotsseitig ausgehende Marktstrukturveränderungen

3.4.1 Innovative Computertechnologien als Entwicklungsbeschleuniger im Telekommunikationsbereich

Bis zur Mitte dieses Jahrhunderts war der Telekommunikationsmarkt von keiner besonderen Dynamik gekennzeichnet. Abgesehen von der wichtigen Entwicklung mechanischer Vermittlungssysteme sowie der Entdeckung des Koaxialkabels für breitbandige Übertragungen herrschte im Telekommunikationsbereich technologisch gesehen Stagnation vor. Mit Hilfe einfacher Endgeräte wie dem Telefon, der mechanischen Vermittlungstechnik sowie leistungsgebundener Übertragung, meist mittels Kupferkabel, konnten Telekommunikationsdienste beansprucht werden.

Die rasche Verbreitung des Telefons im Geschäftsbereich sowie innerhalb der privaten Haushalte führte in den 70er Jahren dazu, dass sich das Telefon zu einem Massenkonsumgut sowie einem Massenkommunikationsmittel entwickelte.

Telefon, Fernseher und Computer transformieren die Industriegesellschaft in eine Informationsgesellschaft

Zusammen mit der in den vergangenen 30 Jahren ebenfalls rasanten Verbreitung des Fernsehens hat diese Entwicklung zur Transformation unserer Industriegesellschaft in eine Informationsgesellschaft beigetragen.

Diese dynamische Entwicklung wurde und wird bis heute getragen von den umwälzenden Fortschritten der Halbleitertechnologie, der Übertragungsmedien sowie der Codierungsverfahren. Die revolutionären Innovationen in der Mikroprozessortechnik und der Computertechnologie führten zu stetig sinkenden Kosten für Rechner und Speichereinheiten. Damit konnten diese Technologien in immer mehr Anwendungsbereichen Verwendung finden. Diese Entwicklung ist im „Gesetz von Moore" beschrieben. Gordon Moore, Gründer des Unternehmens Intel, prognostizierte, dass sich auf absehbare Zeit alle achtzehn Monate die Speicherdichte der Chips, und damit die Leistungsfähigkeit der Computer, verdoppeln würde, ohne dass damit aber Preiserhöhungen verbunden wären. In den kommenden Jahren ist jedoch zu erwarten, dass vor dem Hintergrund der innovativen Entwicklungen in der Halbleiterbranche, Moores Gesetz noch überboten wird. Dies lässt sich auf den einfachen, aber folgenschweren Nenner „schneller, billiger, kleiner" reduzieren *(vgl. Downes et al. 1999, S. 17.)*.

Gesetz von Moore

Digitalisierung als Träger einer technologischen und ökonomischen Revolution

Der Einsatz der Datenverarbeitung sowie deren Integration in die Nachrichtenübertragung führt zu einer grundlegenden und radikalen Veränderung der Telekommunikationsmärkte. Im Zentrum steht die „Digitalisierung" des Telekommunikationssektors. Die Codierung und Umwandlung beliebiger Informationen in die „Bits" der modernen Datenverarbeitung hat die Telekommunikationsmärkte am nachhaltigsten verändert. Vorteile der digitalen Technik, die aus den Fortschritten der Mikroelektronik gespeist werden, liegen dabei in den immer kleiner, billiger und leistungsfähiger angebotenen Bauteilen. Letztere bedingen eine Verdrängung der analogen Technik nicht nur aus technischen, sondern zunehmend gerade auch aus wirtschaftlichen Gründen.

Darüber hinaus bewirkt die Digitaltechnik eine einheitliche Codierung unterschiedlicher Informationsarten, z.B. von Daten-, Sprach- und Bildinformationen. Dies macht wiederum eine Integration von bisher in unterschiedlichen Netzen angebotenen Diensten in ein einziges Netz möglich. Hierüber lassen sich durch entsprechende Größen- und Verbundvorteile weitere Einsparungen realisieren, die, da sie an die Konsumenten zumindest teilweise weitergegeben werden, zu einer weiteren Nachfrageexpansion führen. An diesem Punkt sei die Theorie von Robert Metcalfe, dem Gründer der 3Com Corporation, erwähnt. Nach dieser Theorie steigt der Wert eines Netzwerkes mit jedem weiteren Schaltknoten oder Benutzer drastisch an.

Gesetz von Metcalfe

Nach dem „Gesetz von Metcalfe" resultiert der Nutzen eines Netzwerkes aus der Anzahl seiner Benutzer zum Quadrat *(vgl. hierzu Abb. 8 und die Darstellung bei Downes et al. 1999, S. 17 und S. 36ff.)*

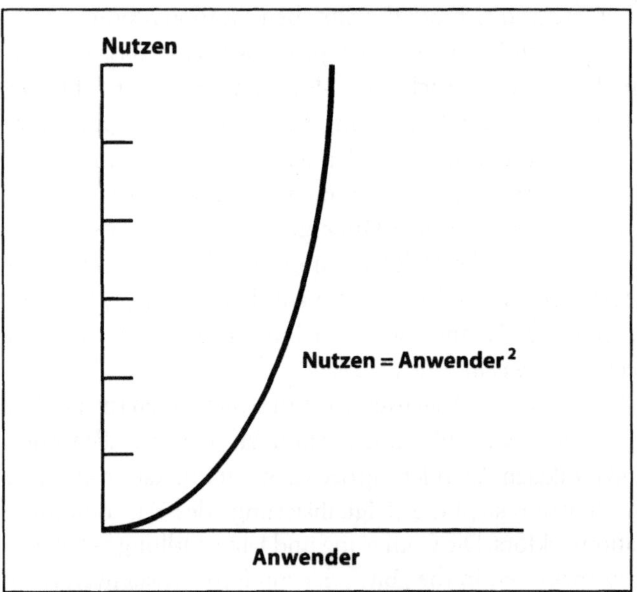

Abb. 8 Metcalfes Gesetz

Die im Rahmen der Gesetze von Moore und Metcalfe skizzierten Entwicklungen bilden eine Erklärungsgrundlage für die gegenwärtig zu beobachtende Transformation der Fernmeldenetze in riesige Computeranlagen. Die modernen Netze repräsentieren ein gigantisches System von miteinander vernetzten Hochleistungsrechnern. Die Telekommunikationsnetze werden hierdurch zu Komplementen der Datenverarbeitungsanlagen, welche ihrerseits zunehmend über diese Netze miteinander verbunden werden. Kommunikation kann über diese Systeme schneller und billiger erfolgen, weshalb immer mehr Menschen sie auch nutzen und damit den Wert für alle Nutzer exponentiell ansteigen lassen.

Der Einfluss innovativer Technologien beschränkt sich jedoch nicht nur auf den Netzbereich. Die Digitalisierung beeinflusst auch Dienste und Endgeräte, was letztere kostengünstiger, vielfältiger sowie weitaus leistungsfähiger als früher macht.

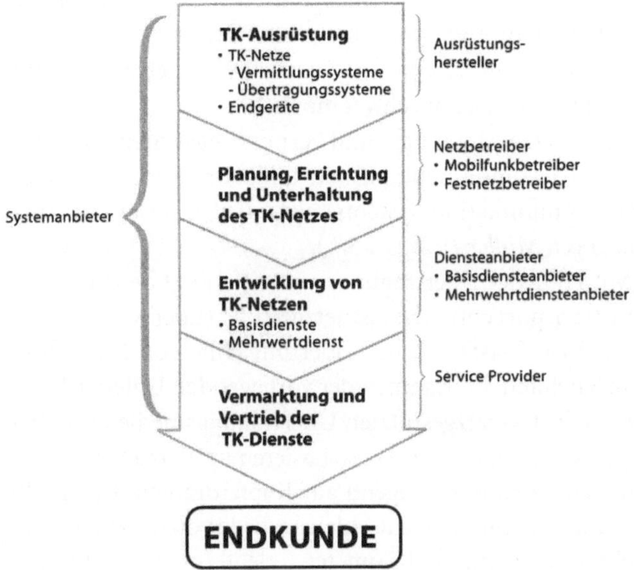

Abb. 9 Wertschöpfungskette und Anbieterstruktur auf dem deutschen Telekommunikationsmarkt, vgl. Gries 1998, S. 8.

3.4.2 Ausrüstung, Betreiber und Dienste als Bezugselemente für eine Analyse des Telekommunikationsmarktes

Elemente eines Telekommunikationssystems

Telekommunikation lässt sich als die Vermittlung von Sprache/Ton, Text, Daten oder Bildern zwischen einem Sender und einem Empfänger über eine räumliche Distanz mittels nachrichtentechnischer Übertragungsverfahren interpretieren *(vgl. Gerpott 1998, S.4)*. Telekommunikation wird erst durch das Zusammenwirken einzelner Komponenten möglich. Die Gesamtheit der Einzelkomponenten bezeichnet man als Telekommunikationssystem. Zentrale Elemente (bzw. Subsysteme) eines solchen Systems sind die Telekommunikationsnetze, die Telekommunikationsdienste sowie die Telekommunikationsausrüstung. Im Sinne einer kompetenzorientierten und effizienzsteigernden Arbeitsteilung haben sich zahlreiche Telekommunikationsanbieter auf eine dieser Teilleistungen spezialisiert. Sie treten am Markt als Ausrüstungshersteller, Netzbetreiber oder Diensteanbieter auf, wie aus Abb. 9 erkennbar ist *(vgl. Gries 1998, S. 6)*.

Allerdings lassen sich die einzelnen Anbietergruppen nicht immer so scharf voneinander abgrenzen, wie die idealtypische Darstellung in Abb. 5 vermuten lässt. Oftmals ist beispielsweise eine Differenzierung zwischen Netzbetreibern und Diensteanbietern nur schwer möglich.

Das aus Übertragungs- und Vermittlungssystemen bestehende Telekommunikationsnetz bildet das Kernstück eines Telekommunikationssystems *(vgl. zu den folgenden Ausführungen Müller 1995, S. 25ff.)*.

Mit Hilfe der Übertragungssysteme erfolgt der Informationstransport entweder festnetzgestützt (über Kupfer-, Koaxial- bzw. Glasfaserkabel) oder mit Hilfe von Mobilfunk bzw. Satelliten. Im Rahmen der vorliegenden Untersuchung stehen die festnetzgestützten Übertragungsmedien im Mittelpunkt des Interesses. Diese basieren im Bereich der Telefonnetze noch überwiegend auf Kupferdrähten. Innerhalb der Bundesrepublik Deutschland wurde von diesen Kabeln mehr als eine Million Kilometer verlegt. Im Unterschied zu den breitbandigeren Fernseh-Koaxialkabeln sind sie persönlich adressierbar und führen direkt zu den Teilnehmern.

Notwendigkeit eines diensteintegrierenden Universalnetzes

Das zunehmende Verbreitung findende „diensteintegrierende digitale Fernmeldenetz" (ISDN) bedient sich ebenfalls der verdrillten Kupferdrähte (sog. Kupferdoppeladern). Die hinter dem ISDN-Konzept stehende Strategie zielt darauf ab, das Fernmeldenetz mit einem relativ überschaubaren Mehraufwand in ein hochwertiges Vielzweckkommunikationssystem zu transformieren. Die Integration von ehemals über unterschiedliche Netze angebotenen Diensten führt zu einem Universalnetz, in dem Sprache, Text, Daten und Bilder digital übertragen werden können.

Die mit Glasfasern arbeitenden optischen Übertragungssysteme weisen gegenüber der Übertragung per Kupferkabel Vorteile hinsichtlich der Übertragungskapazität und der Kabelkosten sowie hinsichtlich ihres geringeren Bedarfs an Verstärkungsstationen auf. Vor diesem Hintergrund muss zukünftig mit einem verstärkten Einsatz dieser Glasfaserkabel gerechnet werden. Der Aufbau eines europäischen digitalen Hochgeschwindigkeitnetzes sowie die Verlegung von Glasfaserkabeln im Ortsnetzbereich weisen eindeutig in diese Richtung. Zu berücksichtigen ist allerdings, dass der Glasfaseranschluss pro Teilnehmer *(Fiber to the Home)* aufgrund relativ hoher Kosten der Anschlusstechnik den aktuell eingesetzten Kupferanschlüssen noch unterlegen ist. Aufgrund ihrer Fähigkeit, Breitbanddienste wie beispielsweise die Übertragung von Bewegtbildern auch privaten Kunden zugänglich zu machen, ist die Verbreitung von Glasfaserkabeln zusätzlich zu Breitbandkabeln gerade auch im Ortnetz wünschenswert *(vgl. Müller 1995, S. 26 ff. und Gerpott 1998, S 55 ff.)*.

Spezifische Investitionen in die Aufrüstung der TV-Kabelnetze

Dies setzt allerdings voraus, dass die in diesen Märkten tätigen Unternehmen spezifische Anreize erhalten, um entsprechende Umstellungsinvestitionen zu tätigen. Hiermit ist die „Spezifität" derartiger Umstellungsinvestitionen angesprochen. Die Spezifität einer Investition zeigt sich darin, dass sie mit einer hohen Spezialisierung der Ressourcen einhergeht und in einem großen Umfang kundenindividuelle Leistungen beinhaltet. Das heißt, dass die Produktivität eines Faktors innerhalb einer konkreten Geschäftsbeziehung größer ist als in einer alternativen Verwendung. Investitionen in Kabelnetze und deren technologische Aufrüstung entfalten ihre volle Leistungskraft nur in eine Verwendungsrichtung, nämlich in die Übertragung von Bildern und Daten. Die Durchführung spezifischer Investitionen führt zu einer wechselseitigen Abhängigkeit der Geschäftspartner, da ein Abbruch der Geschäftsbeziehung für einen oder aber für beide Partner mit hohen irreversiblen, und damit versunkenen Kosten verbunden ist.

Verlegt ein privates Unternehmen moderne Kabelnetz-Infrastrukturen, so geht bei einer geografischen Verlegung des innovativen Netzes der ungefähr 80% umfassende Anteil der Erdarbeiten unwiederbringlich verloren. Ist dagegen eine Netzinfrastruktur bereits vorhanden, so fallen diese Irreversibilitäten nicht ganz so drastisch aus; gleichwohl sind sie auch in diesem Falle relevant. Grundsätzlich beinhalten die mit Netzinfrastruktur-Investitionen verbundenen irreversiblen Kosten ein finanzielles Risiko für die (potenziellen) Investoren.

Trotz nicht unerheblicher versunkener Kosten sind entsprechende Investitionen immer dann zu erwarten, wenn die Kabelnetze neuer Anbieter aufgrund technologischer Innovationen den Netzen der etablierten Anbieter überlegen sind *(vgl. Müller 1998, S. 70f.)*. Dies setzt allerdings voraus, dass private Kabelnetzbetreiber in einen freien, diskriminierungsfreien Wettbewerb mit den etablierten Anbietern treten können.

3.4.3 Der Netzaufbau im Telekommunikationsbereich

Im Folgenden werden Festnetze im Vordergrund der Betrachtung und Analyse stehen, weshalb auf diese Übertragungssysteme näher eingegangen wird.

In der Umgangssprache werden die (Fest-)Netze, die der Datenübertragung dienen, oftmals als „Informationsautobahnen" *(Daten-Highways)* bezeichnet. Eine Autobahn dient als Instrument, das ein Autofahrer zur schnellen Überwindung räumlicher Distanzen benutzt. Versteht man unter Telekommunikation ganz allgemein die raumüberwindende Informationsübermittlung durch nachrichtentechnische Übertragungsverfahren, so lassen sich die Fernnetze als (Fern-)Autobahnen, die Ortsnetze als Zubringer und die Anschlussleitungen zum Endkunden *(Local Loop)* als Straßen eines konkreten Wohngebietes interpretieren. Beabsichtigt man, mit dem Auto von einem Neubaugebiet am Rande Münchens nach Hamburg zu fahren, so sind Erfolg, Schnelligkeit und Bequemlichkeit dieser Reise im Hinblick auf die Straßeninfrastruktur von mehreren Punkten abhängig. Zum einen muss das Neubaugebiet über asphaltierte Straßen verfügen. Ebenso ist man auf gut asphaltierte Straßen innerhalb Münchens, auf den Umgehungsstraßen sowie auf der Autobahn angewiesen. Ist beispielsweise der Fahrbahnbelag der Autobahn bzw. der Zubringerstraßen in einem qualitativ schlechten Zustand, so muss deutlich langsamer gefahren werden, die Reisezeit verlängert sich und der Komfort der Reise nimmt ab. Ähnliches gilt für den Fall, dass es auf der Autobahn aufgrund von zahlreichen Baustellen zu Staus sowie Behinderungen und im schlimmsten Fall zu Unfällen kommt. Ebenso unangenehm würden sich unbefestigte, nicht asphaltierte Straßen im Neubaugebiet auswirken. Schlaglöcher, Schlamm oder Staub würden die Fahrt deutlich verlangsamen, den Fahrkomfort verringern sowie eine höhere Belastung für zahlreiche Autoteile darstellen.

Relevanz der Bandbreite der Netze

Ähnliches lässt sich nun auch in Bezug auf „Informationsautobahnen“ bzw. Breitbandkabelnetze beobachten. Die Schnelligkeit der Datenübertragung sowie der Umfang der übertragenen Daten ist von der Qualität bzw. dem technologischen Stand der entsprechenden Netze sowie der Bandbreite der Netze abhängig. Dabei ist wichtig zu erkennen, dass zwischen Fern- und Ortsnetzen bezüglich technologischer Ausstattung und Qualität zentrale Abhängigkeiten bestehen. Die Qualität und Geschwindigkeit der Übertragung von Daten ist nur in solchem Maße effizient, wie es der jeweils schlechteste Netzbereich (bzw. die technologisch schlechteste Netzebene) zulässt. Der Effekt einer Aufrüstung bzw. einer technologischen Optimierung eines einzelnen Netzbereichs bzw. einer einzelnen Netzebene verpufft weitgehend, falls es zu keiner entsprechenden technologischen Verbesserung in den anderen (Teil-)Netzen kommt. Dieser Zusammenhang hat zentrale Bedeutung für die Strategien auf Telekommunikationsmärkten, weshalb er an anderer Stelle wieder aufgegriffen werden wird. Im Folgenden soll ein einfaches Modell des Netzaufbaus im Telekommunikationsbereich dargestellt werden (vgl. Abb. 10).

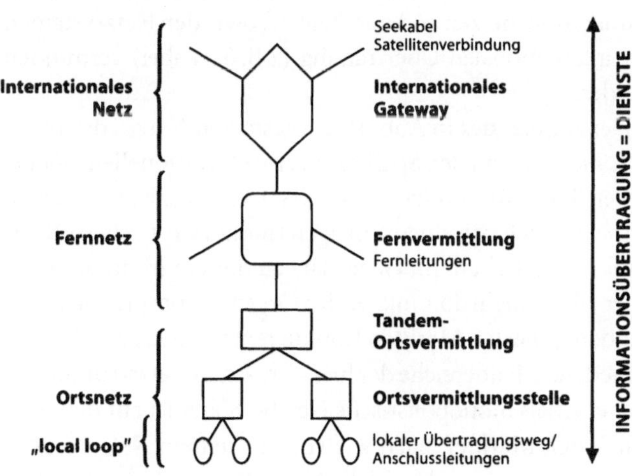

Abb. 10 Stilisiertes Telekommunikationsnetz, in Anlehnung an Merkt 1998, S. 30

Traditionell sind Telekommunikationsnetze hierarchisch organisiert, was sich darin zeigt, dass ihre Netzbereiche aufeinander abgestimmt sind. Abbildung 10 gibt in stilisierter Form den Aufbau eines Telekommunikationsnetzes wider. Das in Abb. 10 dargestellte Netz stellt ein „Vermittlungsnetz" dar, das eine gezielte Anwahl einzelner Anschlüsse und damit „Individual-Kommunikation" möglich macht. Im Rahmen des Kabelfernsehens bedient man sich dagegen so genannter „Verteilnetze", die eine von einem Sender ausgestrahlte Information gleichzeitig an mehrere Empfänger weitergeben können und damit „Massenkommunikation" ermöglichen *(vgl. Merkt 1998, S. 29 ff. sowie Fritsch et al. 1996, S. 185f.)*.

Der Anschluss der Endkunden an das Netz sowie die Aufbereitung der Signale zum Weitertransport erfolgt im Bereich des Ortsnetzes. Mit Hilfe von „Vermittlungsstationen" werden in den lokalen Netzeinrichtungen die Verbindungen innerhalb eines Ortsnetzes durchgeführt. Das Fernnetz bildet die zweite Hierarchiestufe der Telekommunikationsnetze. Es dient vor allem dem Transport der Signale. Fernnetze können nun mit Hilfe eines internationalen „Gateway" (d.h. mit Hilfe von Systemen, welche unterschiedlich konzipierte Netze miteinander verbinden und hierüber den Datenaustausch zwischen diesen Netzen möglich machen) mit den Telekommunikationsnetzen anderer Staaten sowie den Netzsystemen der internationalen Übertragung (z.B. Seekabel) verbunden werden.

Der Aufbau des in Abb. 10 dargestellten Netzes orientiert sich allerdings an den Strukturen eines traditionellen, öffentlichen Telekommunikationsnetzes. Derartige Netze wurden ausschließlich von einem einzigen (monopolistischen) Netzanbieter betrieben. Im Gegensatz zu diesem bis in die achtziger Jahre hinein dominierenden Organisationsprinzip treten auf deregulierten Märkten Konkurrenten innerhalb der verschiedenen Teilbereiche der hierarchischen Netzstruktur auf. Der ehemals monopolistische Netzbetreiber ist auf den liberalisierten Märkten nach wie vor mit seinem Netz flächendeckend präsent, während die Neuanbieter zu einem großen Teil neue Infrastrukturen, z.B. im Bereich der Fernübertragung, zur Verfügung stellen. Auch die streng hierarchische Anordnung der Netzebenen erfährt in jüngster Zeit eine zunehmende Aufweichung. So bedingen immer leistungsfähigere Vermittlungseinrichtungen eine Abnahme der Anzahl an Vermittlungshierarchien im Gesamtnetz und führen damit zu einer Ausweitung des geografischen Einflussbereiches lokaler Vermittlungssysteme. Die zunehmende Verbreitung von traditionell ausschließlich im Festnetz eingesetzten Technologien (wie z.B. Mikrowellen-, Satelliten- und Glasfasertechnologien) gerade auch innerhalb lokaler Netze, lässt ein weiteres Differenzierungsmerkmal des in Abb. 10 aufgezeigten Telekommunikationsnetzes wegfallen. Vor diesem Hintergrund wird unter dem Begriff „Ortsnetz" lediglich der Kernbereich, der sich aus den jeweiligen Anschlussleitungen *(Local Loop)* sowie den kundennahen Zugangs- und Vermittlungseinrichtungen zusammensetzt, verstanden.

3.4.4 Der Substitutionscharakter von Kabelfernsehnetzen

Digitalisierung schafft freie Kapazitäten in bestehenden Kabelnetzen

Will man den angebotsseitigen Wandel auf den Telekommunikationsmärkten erfassen, so ist insbesondere auf die Wettbewerbswirkungen von Innovationen im Bereich der Netze bzw. der Signalübertragung einzugehen. Im letzten Fall vollzieht sich der technische Fortschritt auf mehreren Ebenen. Die im Rahmen der Digitalisierung erfolgende Datenreduktion und Datenkomprimierung führt zu einem größeren Kapazitätsangebot innerhalb der bestehenden Netze. Die Digitalisierung aller Ausgangssignale ermöglicht die gleichzeitige Übertragung unterschiedlicher Daten wie Sprache und Bilder zum gleichen Qualitätsstandard. Aufgrund der durch die Digitalisierung reduzierten Datenmenge lassen sich beispielsweise TV-Signale bis zu einem bestimmten Qualitätsniveau über solche Netzinfrastrukturen übertragen, deren Kapazität vor der Digitalisierung hierfür nicht ausreichend gewesen wäre (z.B. im Falle des schmalbandigen Telefonnetzes).

Rückkanäle innerhalb des TV-Kabelnetzes schaffen Interaktivität

Die durch die Digitalisierung frei werdenden Übertragungskapazitäten können beispielsweise innerhalb der TV-Kabelnetze als Rückkanäle genutzt werden, womit sich Interaktivität realisieren lässt. Ein wesentlicher Punkt ist in der Tatsache zu sehen, dass die digitale Übertragung – aus einer technischen Sichtweise heraus – das Fernsehen vergleichbar mit anderen Diensten macht, welche ebenfalls auf der Übertragung von digitalen Signalen (z.B. Sprache oder Datentransfers) basieren. Aus einem rein technischen Blickwinkel heraus, stellt ein digitales TV-Signal nichts anderes als eine Datenmenge von bestimmter Größe dar, die innerhalb einer bestimmten Zeit in einem spezifischen Standard über einen vorgegebenen Übertragungsweg gesendet und empfangen werden soll *(vgl. Schrape, 1995, S. 7f.)*.

Aus einer ökonomischen Perspektive führen innovative Computertechnologien sowie die Digitalisierung der technologischen Infrastrukturen, im Hinblick auf die Nutzung dieser Netze durch unterschiedliche Dienste, zu einem erhöhten Wettbewerbspotenzial zwischen den verschiedenen Netzarten.

Mehr Wettbewerb durch neue Technologien und innovative Netze

Grundsätzlich lässt sich das traditionelle öffentliche Telekommunikationsnetz *(PSTN, „Public Switched Telephone Network")* durch Kabelfernsehnetze, Mobilfunknetze, Satellitenkommunikation sowie durch funkbasierte Anschlüsse (Einrichtung von Kundenanschlüssen auf der Basis kabelloser Technologien, „*Wireless Local Loop*") ersetzen. Derartige Substitutionsvorgänge werden u.a. durch den technischen und organisatorischen Fortschritt ausgelöst. Der technologische Fortschritt führt zu einer permanenten Entwertung bisheriger Prozesse, Verfahren und Produkte, so dass vorhandenes Wissen und vorhandene Fähigkeiten aufgrund neuer Erkenntnisse an Wert verlieren und mitunter sogar obsolet werden. Nun hängt die Dynamik bzw. Entwicklungsstärke des Wettbewerbs in einer Branche vor allem von den Anstrengungen der Anbieter ab, diesen Substitutionsdruck und damit das Existenzrisiko zu verringern. Derartige Bemühungen können sich in einer Verbesserung des Preis-/Leistungsverhältnisses im Vergleich zur Konkurrenz und/oder in innovativen Leistungen und Produkten konkretisieren. Die Möglichkeit der Konsumenten, Produkte unterschiedlicher Anbieter gegeneinander zu ersetzen, erzeugt unter diesen Anbietern Wettbewerb *(vgl. Streit 1991, S. 81ff.)*.

Durch die Flexibilisierung der Netze und Infrastrukturen hinsichtlich der Nutzung durch unterschiedliche Dienste ergeben sich auch im Bereich der Telekommunikationsnetze Substitutionsmöglichkeiten und damit Wettbewerbspotenziale. Die folgenden Ausführungen thematisieren eine kurze Historie des deutschen TV-Kabelnetzes sowie den Aufbau und Entwicklungspotenziale dieser Netze. Die aus der Existenz des TV-Kabelnetzes resultierenden Wettbewerbseffekte werden Gegenstand des nächsten Kapitels sein.

3.4.4.1 Die Geschichte des deutschen TV-Kabelnetzes

Der ehemalige Postminister Christian Schwarz-Schilling verfolgte Anfang der achtziger Jahre des letzten Jahrhunderts ein ehrgeiziges Ziel *(vgl. zu den folgenden Ausführungen Glotz 2001, S. 192 ff.)*:

Er beabsichtigte, mit der Zulassung privater Rundfunkanstalten die Voraussetzungen für mehr Vielfalt im deutschen Fernsehmarkt zu schaffen. Mit einem Investitionsvolumen von über 35 Milliarden Mark gelang es ihm, die vorherrschende Frequenzknappheit zu beseitigen und den öffentlich-rechtlichen Anstalten Wettbewerb zu bieten. Diese hohen Investitionen waren für die bundesweite Verlegung von Fernsehkabeln (Koax-Verkabelung), die von den Kopfstationen aus in die Wohngebiete verlegt wurden (sog. Netzebene 3), aufzuwenden. Damit hatten die TV-Kabelnetze aber noch nicht den Weg in die Wohnzimmer der Kunden gefunden. Der direkte Kontakt zum Fernsehkunden erfolgt über die Netzebene 4, die vom jeweiligen Gebäude-Verteiler bis in die Wohnung reicht. Mit dieser Netzebene hatte Schwarz-Schilling besonderes vor. Er beauftragte private, vielfach mittelständische Unternehmen mit der Errichtung und Verwaltung dieser vierten Netzebene. Damit aber schuf er jene Zersplitterung dieser Netzebene, die für den deutschen TV-Kabelmarkt charakteristisch und für seine aktuelle Neuordnung nicht unproblematisch ist. Schätzungen gehen von mehreren tausend privaten Anbieter auf dieser Netzebene aus.

Die Strategie Schwarz-Schillings führte nicht zuletzt auch aufgrund der (politisch) konsequent niedrig gehalten Endkundenpreise zu einer starken öffentlichen Akzeptanz bzw. Verbreitung privater Fernsehprogramme. Dies lässt sich mit Zahlen belegen, wonach Deutschland mit 26 Millionen anschließbaren Wohneinheiten über das umfangreichste Breitbandkabelnetz in Europa verfügt. Das Netz der deutschen Telekom erreicht dabei mit ca. 18 Millionen Kabelkunden 68 Prozent der anschließbaren Wohneinheiten. Dies bedeutet, dass weit über die Hälfte aller deutschen Fernsehhaushalte ihre Programme über das Breitbandkabel empfangen *(vgl. Glotz 2001, S. 192.)*.

Die Aktivitäten des Ministers Schwarz-Schilling in den achtziger Jahren bescherte Deutschland eine Vielfalt an über 30 freien Programmen. Gleichzeitig wurde damit ein ansehnlicher Besitz für die DTAG geschaffen, der allerdings in ihren Händen technologisch rückständig blieb. Aus Wettbewerbsgründen wurde die DTAG dazu verpflichtet, die Mehrheit an ihrem TV-Kabelnetz zu verkaufen. Aufgrund einer nicht unerheblichen Verzögerungsstrategie seitens der DTAG zog sich dieser Verkaufsprozess jedoch über Jahre hin, was die dringend notwendige technologische Aufrüstung dieses hoffnungslos veralteten Netzes zu Multimedia-Zwecken nachhaltig verhinderte.[2]

Zwischenzeitlich liegen nun aber für alle neun Regionalgesellschaften Kaufverträge oder zumindest Absichtserklärungen vor. Bei den Käufern des Netzes handelt es sich um die amerikanische Investorengruppe Callahan Associates sowie um ein Konsortium aus der britischen Finanzierungsgesellschaft Klesch und der amerikanischen Mediengruppe Liberty Media.

Wohin steuert vor diesem Hintergrund der deutsche TV-Kabelmarkt? Im Rahmen des Aufbrechens der Monopolstellung der DTAG scheint es nun wirklich zu einer Privatisierung des TV-Kabelnetzes der Telekom zu kommen. Die Deregulierung in diesem Bereich wurde insbesondere mit dem Ziel verfolgt, durch Privatisierung mehr Wettbewerb als bisher zu schaffen und damit mehr Innovationen und Marktdynamik zu bewirken. Aktuell ist jedoch eine deutliche Konsolidierung unter den Newcomern auf diesem Markt festzustellen, was sich in der geringen Zahl der neuen Mehrheitseigentümer (Klesch/Liberty Media und Callahan) artikuliert. Der Markt scheint sich in Richtung eines Oligopols zu bewegen. Es sind wenige, internationale Unternehmen, welche die Marktstruktur auf dem deutschen Markt für TV-Kabelnetze prägen.

Wie ist diese Entwicklung zu bewerten? Kommt man vom Regen in die Traufe und ersetzt einen Staats-Monopolisten durch ein privates Marktbeherrschungs-Kartell? Werden aufgrund von Preisabsprachen und verhaltenem Innovationswettbewerb die Kunden wiederum benachteiligt? Diese Fragen sollen im Folgenden aufgegriffen werden. Dabei wird sich zeigen, dass weder die geringe Anzahl der im Markt befindlichen Unternehmen noch ihr internationaler Charakter zwingend wettbewerbsbeschränkend sind. Vielmehr wird deutlich werden, dass die Internationalisierung des deutschen TV-Kabelmarktes sowie seine Konsolidierung eine

[2] So ist es nicht verwunderlich, dass das britische Marktforschungsinstitut Screen Digest, im Rahmen eines jüngst durchgeführten Ländervergleichs, einen deutlichen Rückstand des deutschen Multimedia-Marktes gegenüber den meisten westeuropäischen Ländern feststellte.

zwingende Voraussetzung für die Ausnutzung der vorhandenen Innovationspotenziale darstellt. Diese widersprüchlich anmutende Argumentation zieht ihre Begründung aus den besonderen Eigenschaften, die für die modernen Technologiemärkte charakteristisch sind. Die „technologischen Meilensteine" dieser Märkte, wie Breitband, Internet und UMTS, bewirken unausweichlich eine Entwicklung hin zu internationalen Allianzen und (weiten) Oligopolen. Innerhalb der Telekommunikationsmärkte müssen diese Oligopole jedoch nicht zwingend marktbeherrschend sein. Die besonderen Eigenschaften dieser Märkte können durchaus auch innerhalb oligopolistischer Strukturen zu einem entsprechend intensiven Wettbewerbsverhalten der Anbieter führen.

3.4.4.2 Der Aufbau traditioneller Kabelfernsehnetze und Aspekte ihrer Modernisierung

Wie oben angeführt, sind rund 18 Millionen Haushalte[3] an das Kabelfernsehnetz der DTAG angeschlossen. Aufgrund ihrer technologischen Ausstattung sind diese Netze insbesondere für die Übertragung von Bilddaten geeignet. Vor dem Hintergrund der steigenden Anzahl an Diensten, die bereits heute und in naher Zukunft über das Netz abgewickelt werden sollen, ist jedoch eine vollständige Digitalisierung des Kabelfernsehnetzes anzustreben.

Ursprünglich waren die Kabelfernsehnetze mit dem Ziel konzipiert worden, eine effiziente Erfüllung von Verteildiensten realisieren zu können. Hierdurch fehlt diesen Netzen jedoch ein Rückkanal, weshalb die traditionellen Kabelfernsehnetze, wie sie von der DTAG betrieben werden, für multimediale Telekommunikationszwecke weitgehend ungeeignet sind. Netze mit traditioneller Typologie und Technologie weisen daher einen immens hohen Investitionsbedarf auf *(vgl. Merkt 1998, S. 37)*.

Elemente eines Kabelfernsehsystems

Ein Kabelfernsehsystem setzt sich grundsätzlich aus drei zentralen Elementen zusammen:

- **dem Kopfende,**
- **dem Verteilnetz (Übertragungssystem) sowie**
- **der Kundenschnittstelle (Übergabepunkt)**

[3] Stand: Sommer 2001

(für eine Darstellung der physikalischen Struktur eines Kabelfernsehsystems vergleiche Abb. 11).

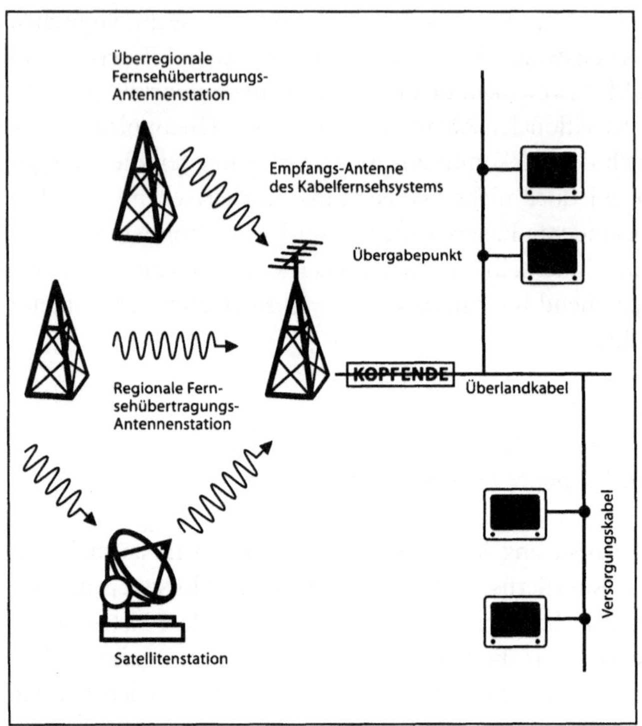

Abb. 11 Physikalische Struktur des Kabelfernsehsystems, vgl. Viscusi et al. 1995, S. 432

Die Aufgabe des Kopfendes liegt im Empfangen der Signale sowie in deren Bearbeitung für die Verteilung. Ein zentrales Element des Kopfendes stellt die Antenne dar, welche die Signale empfängt. Nachdem die Signale empfangen wurden, werden sie mit Hilfe des Übertragungssystems verteilt.

Traditionell bestehen diese Übertragungssysteme aus Koaxialkabel, während heute zunehmend auf innovative Glasfasertechnologien gesetzt wird. Grundsätzlich wird mit der technologischen Aufrüstung der Systeme das Ziel verfolgt, mehrere Dienste über ein und dasselbe Kabel anbieten zu können. Das letzte Element des Kabelfernsehsystems ist die Kundenschnittstelle, die den Anschluss eines einzelnen Haushaltes mit dem Verteilnetz gewährleistet.

Kosten eines Kabelfernsehsystems

Ein großer Teil der Kosten eines Kabelfernsehsystems ist im Kauf bzw. dem eigenen Aufbau des Verteilnetzes zu sehen. Insbesondere die unterirdische Verlegung der Kabel stellt einen immensen Kostenfaktor dar. Aber auch der Kauf eines Netzes fordert die Berücksichtigung kostenintensiver Einflussfaktoren. So müssen in diesem Fall auf Seiten des Käufers neben dem Kaufpreis auch die erforderlichen Investitionskosten Berücksichtigung finden, die für eine eventuell notwendige Aufrüstung aufzuwenden sind.

Bei den Erstellungs-, Kauf- und Aufrüstungskosten handelt es sich überwiegend um fixe, versunkene Kosten. Dagegen stellen die Kosten für den Anschluss eines Kunden an ein in seinem Wohnbereich befindliches Kabelnetz variable Kosten dar. Die mit dem Anschluss von Neukunden verbundenen variablen Kosten (Grenzkosten) fallen vergleichsweise gering aus, da sie lediglich die jeweiligen Anschlusskosten beinhalten. Unter Berücksichtigung der Tatsache, dass die Kosten für die Übertragungssysteme (d.h. für das Kabelnetz) sowie das Kopfende dagegen fixe Kosten im Hinblick auf die Anzahl der angeschlossenen Kunden darstellen, werden dem Kabelfernsehsystem sinkende Durchschnittskosten pro Kunde bei steigender Abonnentenzahl nachgesagt *(vgl. Viscusi et al., 1995, S. 433)*. Es kommen in diesem Bereich somit Größeneffekte *(Economies of Scale)* zum Tragen. Ob sich aus diesem Umstand eine Begründung und eine Legitimation für die Existenz natürlicher Monopole auf dem Markt für Kabelfernsehnetze geben lässt, wird an anderer Stelle diskutiert werden. Ebenso sind die Implikationen, die sich aus Größeneffekten für die Unternehmensstrategie ergeben, Gegenstand der Diskussion in einem folgenden Kapitel.

Neben der Kundenschnittstelle setzen sich Kabelfernsehnetze, wie bereits erwähnt, aus einer Kopfstation sowie dem Verteilnetz zusammen. Die Kopfstation dient nicht nur allein dazu, Programmdaten über eine Antenne zu empfangen. Vielmehr modelliert sie auch diese Daten in Abhängigkeit von der Übertragungsart und speist sie erst anschließend in das Kabelnetz ein.

Typologie der Kabelfernsehnetze

Hinsichtlich ihrer Typologie können Kabelfernsehnetze als Baumstruktur oder als Sternstruktur aufgebaut sein (vgl. Abb. 12a und 12b).

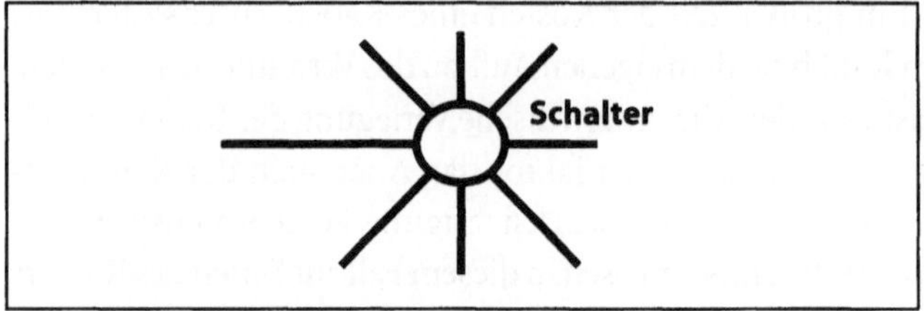

Abb. 12a Kabeltypologien: Sterntypologie, vgl. Horrocks et al. 1993, S. 222

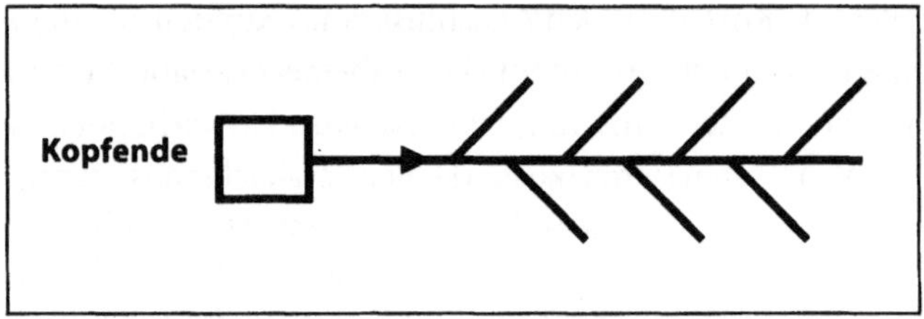

Abb. 12b Kabeltypologien: Baumtypologie, vgl. Horrocks et al. 1993, S. 222

Die Unterscheidung dieser Verteilungstypologien ist von grundlegender Bedeutung, da durch sie die angebotenen Dienste beeinflusst werden. Die Baumstruktur repräsentiert dabei die ältere Typologie, die aus einem hochkapazitären Kabel die einzelnen Kundenanschlüsse nacheinander ableitet. Daher ist im Rahmen dieser Typologie die Anzahl der vom Kunden zu empfangenden Kanäle abhängig von der jeweiligen Kapazität des Kabels.

Innerhalb der Sternnetz-Typologie haben die Kunden dagegen einen eigenen elektronischen Zugang zum zentralen Kopfende, wodurch nur jene Kanäle, die vom Kunden vorher ausgewählt wurden, auch zu ihm übertragen werden. Das Kopfende hat in diesem Falle einen Schalter integriert, der auf die Signale der Kunden reagiert und die selektive Bereitstellung der (Wunsch-)Kanäle garantiert. Hierdurch kann die Kapazität des Übertragungskabels im Rahmen einer Sternnetzstruktur geringer als bei der Baumstruktur ausfallen, obwohl sich die Programmwahlmöglichkeiten für den Kunden im Falle der Sternstruktur größer gestalten *(vgl. Horrocks et al., 1993, S. 221 ff.)*.

Individualisierung der Multimediadienste

Das auf den einzelnen Kunden zugeschnittene Angebot an Diensten (Fernsehen, Telefonie, Internet, Gebäudemanagement etc.), die sog. Individualisierung der Multimediadienste, macht aber die bereits oben angesprochene Umrüstung der herkömmlichen Kabelfernsehnetze notwendig. Sollen sich die Konsumenten ein individuelles Programm nach ihren persönlichen Vorlieben und Notwendigkeiten zusammenstellen können, so müssen die entsprechenden Netze rückkanalfähig sein. Ein Rückkanal kann entweder über das Telefon realisiert oder im Kabelfernsehnetz integriert werden. Soll der Rückkanal über das Kabelfernsehnetz bereitgestellt werden, so muss die jeweilige Kopfstation allerdings über einen Mehrfachzugang verfügen, um die vom Kunden getroffene Auswahl der gewünschten Kanäle empfangen sowie einen individuellen Kanal zum Teilnehmer einrichten zu können *(vgl. Horrocks et al. 1993, S. 223 und Merkt 1998, S. 37 f.)*

Festzuhalten bleibt, dass die von der DTAG bis heute betriebenen Kabelfernsehnetze hinsichtlich der an sie zukünftig zu richtenden Aufgaben einen erheblichen Aufrüstungsbedarf aufweisen. Grundsätzlich ist damit ein ordnungspolitischer Handlungsbedarf angesprochen. Sollen die bestehenden, traditionellen Kabelfernsehnetze aufgerüstet und damit multimediafähig werden, so sind nicht unerhebliche Investitionen zu tätigen, die entsprechende Kostenkonsequenzen für die Investoren mit sich bringen. Letztere werden diese finanziellen Anstrengungen aber nur dann auf sich nehmen, wenn die Eigentumsrechte *(Property Rights)*, d.h. die Verfügungsrechte über diese Netze sowie die Rechte für die Aneignung der im Rahmen der kommerziellen Netznutzung erzielten Erträge, klar definiert werden. Eine Verwässerung der Eigentumsrechte in Form von Mitspracherechten, Mehrheitsbeteiligungen, Sperrminoritäten etc. des bisherigen Eigentümers, der DTAG, würde eindeutig falsche Anreize setzen. Fehlen die Anreize für entsprechende Aufrüstungsinvestitionen oder werden letztere erst mit großer zeitlicher Verzögerung durchgesetzt, so werden die Konsumenten in Deutschland erhebliche Produkt- und Konsumnachteile bei den angebotenen Diensten hinnehmen müssen. Letztlich wird sich dies auf den Multimedia-Standort Deutschland negativ auswirken und seine Wettbewerbsfähigkeit nachhaltig schwächen.

Mit der Absicht, verschiedene Dienste in ein Netz zu integrieren, ist eine Diskussion über die Frage in Gang gekommen, ob ein solches Netz die erfolgreiche Technologie der Zukunft darstellen wird. Dabei weisen Integrierte Breitbandnetze – im Unterschied zu den traditionellen Kabelfernseh- oder Telekommunikationsnetzen – ein vielfältiges Angebot unterschiedlicher Dienste, wie Sprachdienste, Verteildienste, auf. Auf lange Sicht werden Integrierten Breitbandnetzen Vorteile durch die Bündelung vieler Verkehre sowie durch die verbesserte Nutzung der hochkapazitären Glasfasertechnologie innerhalb eines kombinierten Netzes zugeschrieben *(vgl. Merkt 1998, S. 38 und 39 sowie die dort angeführte Literatur).*

Allerdings sind die in der Praxis eingesetzten Integrierten Breitbandnetze überwiegend als sog. Hybridnetze, welche Glasfaserleitungen für die hochkapazitären Versorgungskabel mit Koaxialkabeln für die Anschlussleitung kombinieren. Obwohl die hiermit verbundene Umwandlung von optischen in elektronische Signale zusätzliche Kosten mit sich bringt, wird auf die Implementierung von Glasfaserleitungen bis zum Netzübergabepunkt aufgrund der aktuell noch deutlich höheren Kosten verzichtet. Für zahlreiche Kabelfernsehnetze ist es daher charakteristisch, dass sie eine Glasfaserleitung vom Kopfende bis zum lokalen Verteiler- bzw. Vermittlungspunkt aufweisen, die einzelne Teilnehmer von diesem Punkt mit einem Koaxialkabel sternförmig ansteuern. Die Frage, ob und wann Integrierte Breitbandnetze tatsächlich die kostenminimalere Netzkonzeption darstellen, lässt sich zum heutigen Zeitpunkt noch nicht abschließend klären. Legt man seinen Überlegungen allerdings einen kurz- bis mittelfristigen Zeithorizont zugrunde, so ist auf jeden Fall die bereits oben skizzierte Möglichkeit gegeben, bestehende Fernsehkabelnetze für Telekommunikations- und Multimediazwecke aufzurüsten und damit in den Wettbewerb um die lokalen Netzbereiche des PSTN (der DTAG) zu treten *(vgl. Horrocks et al 1993, S. 225f. sowie Merkt 1998, S. 39ff.).*

Kosten-Trade-Off bei der Aufrüstung der TV-Kabelnetze

Die Aufrüstung *(Upgrading)* der Kabelfernsehnetze ist allerdings mit einem nicht unwesentlichen Zielkonflikt, einem „Kosten-Trade-Off", verbunden. Fällt die konkrete Investitionssumme hoch aus, so haben die Investoren hohe, zusätzliche Kosten für Infrastrukturmaßnahmen zu tragen. Derartige Infrastrukturkosten sind das Ergebnis einer Aufrüstung der Verteilnetze mit einem Rückkanal sowie der Einrichtung des Mehrfachzugangs, welcher der individuellen Zuordnung der Signale in der Kopfstation dient. Fällt das Investitionsvolumen dagegen gering aus, so können auch nur qualitativ minderwertige bzw. quantitativ weniger Dienste angeboten werden *(vgl. Merkt 1998, S.41)*.

Grundsätzlich zeigen Erfahrungen in liberalisierten Telekommunikationsmärkten, dass die Wettbewerbsfähigkeit von Kabelnetzen in nicht unerheblichen Ausmaß von den Auf- bzw. Umrüstkosten abhängt:

„Es kann vermutet werden, dass die Kosten des Angebots von Telekommunikation über Kabelfernsehnetze umso höher sind, je weniger die Netztypologie auf interaktive Dienste ausgerichtet ist, welches in Märkten mit einem frühen Eintritt von Kabelfernsehnetzen eher der Fall ist als in solchen, in denen die Errichtung der Kabelnetze in den Zeitraum der Liberalisierung der Telekommunikationsmärkte fällt" (Merkt 1998, S. 42).

Das Kabelfernsehnetz der DTAG wurde zeitlich vor der Liberalisierung der Telekommunikationsmärkte errichtet. Dieses Netz verfügt über keinen Rückkanal, weshalb entsprechende Aufrüstungsinvestitionen für die Multimedia-Tauglichkeit dieses Netzes unumgänglich sind. Die DTAG hat mit der Begründung, die Kosten für die Einrichtung eines Rückkanals würden DM 1.000 pro Anschluss betragen, von einer Umrüstung ihres Netzes abgesehen *(vgl. Eckstein, 1996, S. 29)*.

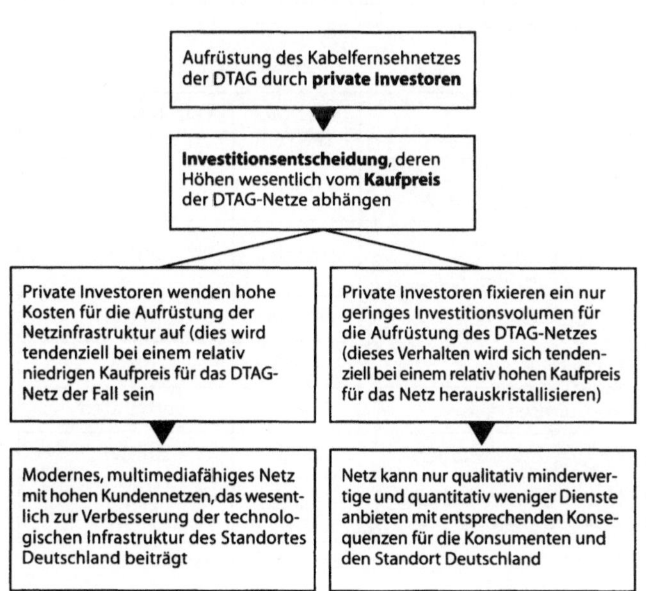

Abb. 13 Der Zielkonflikt im Rahmen der Aufrüstung des Kabelfernsehnetzes der DTAG

Diese Aspekte sind im Rahmen des Kaufs des DTAG-Kabelfernsehnetzes in jedem Fall zu berücksichtigen. Denn die privaten Investoren erwerben ein technologisch veraltetes Netz, welches immense Investitionen nach sich zieht, die in ihrem vollen Umfang nicht einmal der ehemalige Monopolist DTAG mit Hilfe seiner staatlich erworbenen Monopolrenten aufzuwenden bereit war *(*siehe Abb. 13 auf S. 55*)*.

3.4.4.3 Konkurrenz zwischen Festnetz (PSTN) und Kabelfernsehnetz – ein Vergleich für das Ortsnetz

TV-Kabelnetze erhöhen den Wettbewerbsdruck

Mit dem Einsatz verschiedener Technologien und Netze im lokalen Bereich[4] lässt sich die Marktstruktur für lokale Telekommunikation in Richtung eines stärkeren Wettbewerbs deutlich verändern. So sind es vor allem Kabelfernsehnetze, die den Konsumenten als Alternative zum traditionellen Festnetz der DTAG im lokalen Markt zur Verfügung stehen. Wichtig ist die Erkenntnis, dass das Wettbewerbspotenzial im Ortsnetz von den konkreten Kostenstrukturen der alternativen Übertragungsmedien bzw. -technologien abhängig ist. Daher ist ein Blick auf die traditionellen Kosten der beiden alternativen Anschlusstechnologien zu werfen *(vgl. Merkt, 1998, S. 53)*.

	Festnetz (PSTN)	Kabelfernsehnetz
Relation fixe/variable Kosten	hoch	mittel[a]
Relation versunkene/reversible Kosten	hoch	mittel
Größenvorteile	mittel	mittel
Dichtevorteile	groß	groß
Verbundvorteile	keine	vorhanden
Anfangsinvestitionen	hoch	mittel
Investitionen des Kunden (z. B. Handgerät)	keine	keine

[a] Gilt unter der Annahme, dass Gräben und Röhren für Multimediadienste verwendet werden

[4] Neben Kabelfernsehnetzen können auch Mobilfunknetze sowie funkbasierte Anschlüsse (Wireless Local Loop „WLL") in Konkurrenz zum PSTN-Festnetz treten.

Größe-, Dichte- und Verbundvorteile als Kosteneinflussgrößen bei TV-Kabelnetzen

Innerhalb der traditionellen Telekommunikationsnetze bilden die Aufwendungen des Netzanschlusses einen wesentlichen Kostenbestandteil. Durch das Ziehen von Gräben sowie das Verlegen von Röhren werden ca. 40% der jährlichen Netzkosten verursacht, wobei diese Kosten charakteristischerweise in hohem Maße versunkene Kosten darstellen. Im Gegensatz zur hohen betriebswirtschaftlichen Relevanz der fixen Kosten im Bereich des Netzanschlusses fallen die nutzungsabhängigen, variablen Kosten dagegen relativ gering aus. In Bezug auf die gegebene Nachfrage nach Telekommunikation führen die technologisch bedingten Unteilbarkeiten in der Kapazität zum Vorliegen von Größenvorteilen *(Economies of Scale)* innerhalb kabelbasierter Netze. Größenvorteile (zunehmende Skalenerträge) implizieren einen Rückgang der langfristigen Durchschnittskosten bei wachsender Betriebsgröße. So kommt es innerhalb der Ortsnetze bei steigender Teilnehmerzahl zu einer besseren Auslastung von Ortsvermittlungsstellen.

In Ortsnetzen liegen aufgrund von „Nachbarschaftseffekten" sowie „Agglomerationsvorteilen" erhebliche Dichteeffekte vor. Aufgrund der Tatsache, dass ein bereits existierendes Röhrensystem für den Anschluss mehrerer räumlich nahe beieinander liegender Netzteilnehmer genutzt werden kann, weisen kabelbasierte Netze „Dichtevorteile" auf. Mit dem Begriff Dichtevorteil wird zum Ausdruck gebracht, dass ein zusätzlicher Netzanschluss bei zunehmender Anschlussdichte mit sinkenden Kosten verbunden ist.

Einen weiteren wichtigen Kostenfaktor stellen die bereits erwähnten Verbundvorteile dar. Werden verschiedene Dienste über ein einziges Netz angeboten, so lassen sich Kosteneinsparungen gegenüber einem Angebot realisieren, welches für jeden Dienst ein separates Netz nutzen würde. Es sei an dieser Stelle nochmals darauf hingewiesen, dass das TV-Kabelnetz der DTAG nicht für ein vielfältiges Angebot an multimedialen Diensten ausgelegt ist. Verbundvorteile und Kostenvorteile für die Kunden lassen sich mit diesem Netz daher auch nicht im erforderlichen Umfang realisieren *(vgl. zu den obigen Ausführungen die Darstellung bei Fritsch et al. 1996, S. 188 sowie bei Merkt 1998, S. 54)*

Vergleicht man Kabelfernsehnetze mit dem traditionellen Telekommunikationsnetz bezüglich des Umfangs hinzunehmender versunkener Kosten sowie des Vorliegens von Dichte- und Größenvorteilen, so weisen beide vergleichbare

Eigenschaften auf. Es muss allerdings berücksichtigt werden, dass sich auf Basis der modernen Infrastruktur von Kabelfernsehnetzen interaktive Dienste anbieten lassen, was letztlich die Ausnutzung von Verbundvorteilen ermöglicht. Damit lässt sich ein höheres Maß an Fixkostendegression realisieren. Dies bedeutet, dass die fixen Kosten für die einzelnen Telekommunikationsdienste niedriger als im traditionellen PSTN ausfallen. Konsequenterweise weist das Kabelfernsehnetz, absolut gesehen, auch geringere irreversible Kosten als das traditionelle Festnetz auf *(vgl. Merkt 1998, S.54)*.[5]

[5] Im Vergleich dazu fallen die Kostencharakteristika funkbasierter Anschlusstechnologien grundsätzlich anders aus. In diesem Falle müssen vergleichsweise geringe Anfangsinvestitionen getätigt werden. Allerdings lassen sich Dichte- und Größenvorteile in nur sehr begrenztem Umfang realisieren. Die fixen Kosten des Netzbetriebs machen, zu Lasten der nutzungsabhängigen Kosten, nur einen geringen Teil der Gesamtkosten aus. Allgemein fallen die Kosten einer mobilen Anschlusstechnologie (GSM) für die Durchführung lokaler Telekommunikationsdienste jedoch höher aus als im Rahmen eines festinstallierten Systems, vgl. Merkt 1998, S. 53 und 54.

4 Einflussfaktoren auf die Entwicklung des deutschen TV-Kabelmarktes

4.1 Globalisierung

4.1.1 Effizienzorientierung durch internationale Arbeitsteilung

Globalisierung als Herausforderung und Chance

Weite Teile der Öffentlichkeit haben für die wirtschaftlichen und sozialen Probleme, mit denen sich die Bundesrepublik Deutschland am Anfang des neuen Jahrtausends konfrontiert sieht, eine gleichsam abstrakte wie gefährliche Ursache identifiziert, die Globalisierung. In einschlägig bekannten Publikationen wird engagiert die zerstörerische Kraft der Globalisierung beschrieben, und ihre fatalen Wirkungen auf Arbeitsmärkte und soziale Sicherungssysteme werden gezeigt. Die Globalisierung kommt demnach wie ein Hurrikan über die Volkswirtschaften und hinterlässt ein Bild der Verwüstung, des Schreckens und der hilflosen Verzweiflung. In solchen Situationen ist es durchaus üblich, dass Menschen sich an eine höhere Instanz mit der dringlichen Bitte um Hilfe und Schutz wenden. Im Falle der Globalisierung handelt es sich allerdings um eine durchaus menschliche Institution, von der man sich Beistand erhofft: Der Staat soll das freie Spiel der Marktkräfte zügeln und beschränken, damit der Globalisierung ihre zerstörerische Energie entzogen wird. Unglücklicherweise machen sich viele Menschen diesen Standpunkt zu Eigen und übersehen dabei, dass sie selbst Teil jener Ursachen sind, die zur Globalisierung führen, und dass auch gerade sie von ihr profitieren.

Globalisierung als Ausdruck zunehmender internationaler Arbeitsteilung

Globalisierung steht allgemein für die Zunahme der internationalen Arbeitsteilung. Internationale Arbeitsteilung bringt auf Seiten der Konsumenten immense Vorteile mit sich, derer sich auch die schärfsten Kritiker der Globalisierung zweifelsohne bedienen. In Deutschland sind japanische Fernseher und Videokameras, italienische Mode, französische Weine, finnische Handys und amerikanische Filmproduktionen häufig konsumierte Güter. Ebenso profitieren deutsche Fußballvereine von brasilianischen Stürmern und deutsche Unternehmen von indischen Programmierern. Wir Deutsche sind, wohl nicht ganz zu Unrecht, in der weiten Welt für unsere hohen und differenzierten Ansprüche bekannt (und deswegen manchmal auch gefürchtet). Es ist eben nicht ganz einfach, unseren verwöhnten Ansprüchen gerecht zu werden. Aber auch in zahlreichen anderen Ländern unterliegen die Konsumentenpräferenzen dynamischen Veränderungsprozessen bei simultaner Zunahme der Ansprüche an Qualität, Design und Preis. Derartige nachfrageseitig bedingte Entwicklungen führen zu einem enormen Druck auf die Unternehmen, der durch politische und technologisch-betriebswirtschaftliche Aspekte noch verstärkt wird.

Die unter der Schirmherrschaft von GATT und WTO erzielten Erfolge bei der Handelsliberalisierung führen zu einer engeren Verflechtung der Märkte sowie zu Mobilitätserleichterungen bei den Produktionsfaktoren Arbeit und Kapital. Ein stürmisch voranschreitender Fortschritt bei Technologien und Managementmethoden lässt nur die innovativsten und effizientesten Unternehmen auf Dauer überleben. Unabhängig, ob Güter und Leistungen in Berlin oder in der deutschen Provinz angeboten werden; die Konkurrenz des Weltmarktes ist immer schon da. So gestaltet sich der Wettbewerb in einer globalisierten Wirtschaft zu einem Hase-und-Igel-Spiel zwischen den konkurrierenden Unternehmen. Mobil zu telefonieren, noch bis vor wenigen Jahren deutliches Zeichen für elitäre Exklusivität, ist bereits für Schüler und Studenten erschwinglich. Immer leistungsfähigere Computer werden zu ständig sinkenden Preisen angeboten und sind, wie Videorecorder und -kameras, aus modernen Haushalten nicht mehr wegzudenken.

Weltweite Arbeitsteilung schafft auf nationaler Ebene komparative Kostenvorteile

Früher deutlich schlechter entwickelte Volkswirtschaften haben erkannt, dass sie ihre wirtschaftliche Position gegenüber den Industrieländern nachhaltig verbessern können, wenn sie im Rahmen der weltweiten Arbeitsteilung komparative Kostenvorteile nutzen. Das heißt, dass sich diese Länder auf die Produktion arbeitsintensiver Güter spezialisieren, bei deren Herstellung sie über einen relativen (nicht absoluten) Produktivitätsvorteil verfügen. Dabei kann der wirtschaftliche Aufholprozess durchaus im Interesse Deutschlands liegen. In den schwächer entwickelten Ländern entstehen neue, kaufkräftige Absatzmärkte für deutsche Unternehmen und neue Arbeitsplätze hierzulande.

Eine weitere Quelle, aus der die Globalisierung ihre Dynamik zieht, stellen technologisch bedingte Wettbewerbsveränderungen dar. Der technische Fortschritt in der Mikroelektronik schafft ständig neue und immer differenziertere Anwendungsmöglichkeiten in Produkten und innerhalb der Produktionsprozesse. Die Fähigkeit, Innovationen zur erfolgreichen Abgrenzung gegenüber Wettbewerbern innerhalb kürzester Zeit strategisch einzusetzen, erhält vor dem Hintergrund immer kürzer werdender Produktlebenszyklen in zahlreichen Branchen zunehmende Bedeutung. Gerade auf Telekommunikationsmärkten führen diese Veränderungen in Verbindung mit regulatorischen Maßnahmen zu starken Einschränkungen bei den Preissetzungsspielräumen und entfalten damit einen hohen Druck auf die Unternehmen.

Qualitätswettbewerb für Politik und Wirtschaft

Sind Unternehmen sowie die sie umgebenden politischen Institutionen (u.a. Wirtschafts-, Finanz-, Geld- und Rechtspolitik) nicht entsprechend innovativ, flexibel und situativ intelligent, so führt die Globalisierung unweigerlich zu massiven Beschäftigungsproblemen und damit auch zur Krise der sozialen Sicherungssysteme. Es greift allerdings zu kurz, wenn man für eine solche Entwicklung die Globalisierung verantwortlich macht. In Zeiten globalisierter Märkte werden schlechte politische und unternehmerische Entscheidungen schonungslos und nachhaltig bestraft. Erfolgreiches Bestehen auf globalisierten Märkten fordert von Politikern und Verbandsvertretern eine Effizienzorientierung, welche die Gestaltung und Pflege guter Rahmenbedingungen für innovative Investitionen zur Daueraufgabe macht. Politik und Unternehmen müssen sich dem Qualitätswettbewerb stellen sowie durch marktwirtschaftlich fundierte Entscheidungen und Handlungen den Herausforderungen der Globalisierung erfolgreich begegnen *(vgl. Donges 1998, S. 1ff.)*.

Die Globalisierung bzw. die internationale Arbeitsteilung stellen das übergeordnete Spiel dar, innerhalb dessen unzählig viele „kleine Spiele" stattfinden. Die Spiele auf liberalisierten Telekommunikationsmärkten sind mit dem übergeordneten Globalisierungsspiel auf das Engste verknüpft. Erfolgreiche Unternehmensstrategien (Spielzüge) auf der Ebene der Märkte für Telekommunikation setzen daher die Kenntnis und die Berücksichtigung der Regeln und Anforderungen des übergeordneten Spiels voraus.

4.1.2 Nationale Telekommunikationsmärkte im globalen Wettbewerb

Wie festgestellt, nährt sich der Druck und die Dynamik der Globalisierung u.a aus dem Abbau von Handelsschranken, dem wirtschaftlichen Aufholen ehemals unterentwickelter Staaten sowie dem stürmisch voranschreitenden technischen Fortschritt. Letzterer ermöglicht über Vernetzung und Telekommunikation die erleichterte und beschleunigte Übertragung von Wissen. Damit Unternehmen in globalisierten Märkten bestehen und überleben können, sind von Seiten der Politik Rahmenbedingungen zu schaffen, die optimale Entfaltungsmöglichkeiten für innovative und markt- bzw. kundenorientierte Handlungen bieten.

Primat der Wirtschaftspolitik

Im Hinblick auf die nationalen Telekommunikationsmärkte muss es Ziel der staatlichen Regulierung sein, solche (Spiel-) Regeln zu fixieren, die wettbewerbliche Marktstrukturen fördern. Da allerdings auf den nationalen Märkten für Versorgungsleistungen (neben den Telekommunikationsmärkten sind dies Strom- und Wasserversorgungsmärkte, Elektrizitätsmärkte sowie das Eisenbahnwesen und der Luftverkehr) Monopolstellungen aus ökonomischen und technologischen Gründen legitimiert waren, ist auf dem Weg zum erfolgreichen Bestehen auf globalisierten Märkten mit zahlreichen Schwierigkeiten zu rechnen. Die Überführung vormaliger Monopolmärkte in Wettbewerbsmärkte ruft den Widerstand solcher politischen bzw. wirtschaftlichen Akteure auf den Plan, die aus der bisherigen Monopolposition starken Nutzen ziehen konnten. Wie im Folgenden noch näher darzulegen sein wird, rechtfertigen die von diesen Gruppen angeführten ökonomischen, sozialen und politischen Argumente in keinem einzigen Punkt die Einstellung einer umfassenden und konsequenten Öffnung der Telekommunikationsmärkte. Es wird vielmehr umgekehrt ein Schuh daraus. So belegen empirische Untersuchungen, dass durch staatliche Maßnahmen herbeigeführte Marktabschottung und Monopolgewährung Wachstumspotenziale und damit Beschäftigungschancen einer Volkswirtschaft signifikant reduziert werden könnten. *(vgl. Fredebeul-Krein 1998)*.

An dieser Stelle muss die Politik die (Spiel-)Regeln des übergeordneten (Globalisierungs-)Spiels wahrnehmen und hieran ausgerichtet handeln. Fehlt der Politik die Einsicht in das übergeordnete Spiel, so führt dies gleich in mehrfacher Hinsicht zu negativen Konsequenzen. Werden alt eingesessene Anbieter geschützt, so haben potenzielle Wettbewerber aus dem In- und Ausland keinen Anreiz, in den entsprechenden Markt mit innovativen Investitionen einzutreten. In einer globalisierten Ökonomie werden Unternehmen immer dort investieren, wo sie auch die besten Standortbedingungen (Spielregeln) vorfinden. Offenheit der Märkte sowie die Aussicht, mit innovativen, preiswerten Produkten in einem freien Wettbewerb erfolgreich zu sein, stellen einen zentralen Anreiz für neue Unternehmen zum Markteintritt dar. Dagegen wird in Volkswirtschaften, in denen die (wirtschafts-)politisch vorgegebenen Regeln einer Intensivierung des Wettbewerbs entgegenstehen, eine geringere Vielfalt an Produkten zu tendenziell überhöhten Preisen bei schlechterer Qualität angeboten.

Fehlen die für einen freien Wettbewerb erforderlichen Regeln oder sind diese nur schwach und halbherzig ausgebildet, so sind die damit verbundenen Konsequenzen nicht Ausdruck eines Marktversagens, sondern Zeichen eines Politikversagens. Der Politik fehlt in solchen Situationen, wie bereits erwähnt, das Verständnis für das übergeordnete Spiel. In einer globalisierten Wirtschaft führt die fehlende Einsicht in die Logik übergeordneter Regeln und Anreizmechanismen nicht nur innerhalb einer Branche zu unerwünschten Ergebnissen. Moderne Wertschöpfungsketten sind bereichsübergreifend konzipiert. So stellen insbesondere Produkte bzw. Leistungen von Telekommunikationsunternehmen für viele andere Branchen Vorleistungen bzw. unterstützende Produkte dar. Sind diese Produkte und Leistungen aufgrund fehlenden Wettbewerbs qualitativ, preislich und technologisch inakzeptabel, so verlieren auch die Produkte und Leistungen anderer Branchen an Attraktivität. Auf diese Weise werden Defizite bei Produkten und Leistungen im Telekommunikationsbereich einen Kaskadeneffekt verursachen, der weite Teile einer Volkswirtschaft negativ beeinflusst.

Nun wurden auch in der Bundesrepublik Deutschland Liberalisierungsanstrengungen unternommen und ehemals staatliche Monopolbetriebe privatisiert. Ebenso kam es an verschiedenen Stellen zu einer formalen Marktöffnung für weitere private Anbieter. Dennoch bestehen auf den Telekommunikationsmärkten hierzulande noch zahlreiche Markteintrittsbarrieren sowie „quasi-monopolistische" Verhaltensweisen auf Seiten des etablierten Anbieters Deutsche Telekom. Ein erschwerter Marktzutritt zeigt sich beispielsweise bei den Zugangsmöglichkeiten und Preisen der Nutzung von Netzen. Monopolistische Verhaltensweisen ließen sich darüber hinaus, wie noch näher darzulegen sein wird, insbesondere im Rahmen des Verkaufs (der „Regionalisierung") der TV-Kabelnetze der Deutschen Telekom beobachten.

Der Prozess der Globalisierung ist unumkehrbar. Akzeptiert man diese Tatsache und stellt man sich der internationalen Arbeitsteilung, so wird man Globalisierung auch als Chance zu einer grundlegenden Reform nationaler Märkte begreifen. Dies gilt insbesondere für die innovativen Telekommunikations- und Multimediamärkte. Gelingt es uns nicht, in Deutschland solche Bedingungen zu schaffen, die Investitionen in neue Technologien, Produkte und Märkte lohnenswert machen, so werden wir freizügig Beschäftigung in Volkswirtschaften mit effizienteren Regelsystemen exportieren.

Im Zeitalter der Globalisierung ist es verlorene Zeit , ökonomische und politische Entscheidungen vor dem Hintergrund eines Vergleiches der Situation und Bedingungen, wie sie in früheren Jahren in unserem Land gegeben waren, zu treffen. In der globalisierten „Weltökonomie" müssen sich Politik und Wirtschaft internationalen Vergleichen stellen.

Gerade auch in der Wirtschaft darf die Bedeutung des internationalen Wettbewerbs um die besten Wettbewerbsbedingungen nicht übersehen werden. Betrachtet man Länder wie Großbritannien, die Niederlande oder die USA so muss aus deutscher Sicht festgestellt werden, dass diese Volkswirtschaften bereits vor geraumer Zeit erfolgreich damit begonnen haben, ihre Wettbewerbsbedingungen zu verbessern. Die deutsche Politik muss sich dem „Wettbewerb um die Wettbewerbsbedingungen" stellen. Kapital fließt in einer globalisieren Wirtschaft dorthin, wo es die höchste Rendite erwarten kann. Innovationen werden in jenen Ländern entwickelt und verfügbar gemacht, in denen sich der Einsatz von (technischem) Know-how für die Unternehmen auszahlt.

Die bisherigen Ausführungen haben deutlich werden lassen, dass der „Hurrikan" Globalisierung die Politik dazu zwingt, sich dem Qualitätswettbewerb um die besten ökonomischen Rahmenbedingungen zu stellen. Der Erfolg der Märkte hängt zweifelsfrei vom ordnungspolitischen Rahmen ab. Die

Globalisierung steht somit für eine Herausforderung, der auf zweierlei Ebenen begegnet werden muss: Zum einen fordert sie der Politik, respektive ihren Entscheidungsträgern, eine unternehmerische Effizienzorientierung ab, andererseits konfrontiert sie die Unternehmen mit einem permanenten Innovations- und Flexibilisierungsdruck, dem diese nur unter bestimmten politischen Bedingungen erfolgreich gerecht werden können. Die nationalen Telekommunikationsmärkte im Allgemeinen und der deutsche TV-Kabelmarkt im Besonderen bedürfen eines intelligenten und verlässlichen Rahmens.

4.2 Wettbewerbsdynamik

Allgemein wird immer dann von Wettbewerb gesprochen, wenn mehrere Interessenten das gleiche Ziel anstreben, dieses aber nicht gleichzeitig erreichen können. Eine derartig allgemeine Beschreibung des Begriffes „Wettbewerb" lässt sich auf ganz unterschiedliche Bereiche gesellschaftlichen Lebens anwenden: man findet ihn im Sport genauso häufig wie in der Politik, am Arbeitsplatz oder in der Liebe *(vgl. Olten, 1998, S. 13.)*.

Grundsätzlich bereitet es jedoch gewisse Schwierigkeiten, den Begriff des „marktwirtschaftlichen Wettbewerbs" (der Konkurrenz) klar zu definieren. In der einschlägigen Literatur werden eine ganze Reihe von mehr oder weniger gleich lautenden Definitionen gegeben *(vgl. z.B. Aberle 1992, S. 13 und Schmidt 1996, S. 1f.)*. Olten definiert den Begriff folgendermaßen: „*Unter marktwirtschaftlichem Wettbewerb*[6] *verstehen wir also ein rivalisierendes Streben mehrerer Wirtschaftssubjekte (Unternehmen, Haushalte), als Anbieter oder Nachfrager auf konkreten Märkten durch bestimmte Aktivitäten einen größeren Erfolg (messbar an Umsatz, Gewinn, Rentabilität, Einkommen, Ausgaben, Nutzen) als die Rivalen zu erzielen. Dieses Rivalisieren der Wirtschaftssubjekte um vorteilhaftere Ergebnisse, das i.d.R. zu Lasten der Konkurrenz geht, muss sich im Rahmen der gesetzlichen Ordnung und der gewohnheitsmäßigen Grenzen – innerhalb von „Spielregeln" – vollziehen. (...) Sobald an die Stelle von Rivalitätsbeziehungen beim Einsatz der marktbezogenen Aktionsparametern solidarisches*[7] *Verhalten tritt, fehlt es an Wettbewerb und dementsprechend an der Steuerungskraft seiner volkswirtschaftlichen Aufgaben*" *(Olten 1998, S. 14.)*.

[6/7] Hervorhebung im Original.

Innerhalb eines marktwirtschaftlichen Wettbewerbs sind die Spielregeln für den einzelnen Anbieter derart gestaltet, dass dieser, um bestehen zu können, seine Kunden möglichst gut und preiswert bedienen muss. Andernfalls werden letztere zur Konkurrenz abwandern. Dabei ist zu berücksichtigen, dass die mit der Globalisierung einhergehende Verflechtung der Produktion und insbesondere des Absatzes von Gütern und Leistungen über nationalstaatliche Grenzen hinweg zu einer massiven Verstärkung des Konkurrenzdruckes auf die Anbieter führt. Vor diesem Hintergrund ist es wenig überraschend, dass einzelne Marktteilnehmer immer wieder versuchen, den Wettbewerb einzuschränken oder ihn zu verhindern, um sich somit auf Kosten der Marktgegenseite Vorteile zu verschaffen. Dabei darf nicht übersehen werden, dass der Wettbewerb das grundlegende Koordinationsmuster sowie eines der konstituierenden Prinzipien marktwirtschaftlich organisierter Volkswirtschaften darstellt. Nur ein funktionierender Wettbewerb gewährleistet die Abstimmung bzw. Konsistenz der individuellen Wirtschafts- bzw. Handlungspläne. Darüber hinaus sorgt der Wettbewerb zuverlässig dafür, dass die Vorteile aus arbeitsteiliger Produktion auch tatsächlich allen Mitgliedern einer Gesellschaft zugute kommen.

Die Auffassungen von Wettbewerb haben im Laufe der Zeit eine grundlegende Veränderung erfahren. Bei Adam Smith wird der freie Wettbewerb als Gegenstück zu Monopolsituationen skizziert, wobei Smith jedoch kein explizites Wettbewerbskonzept formuliert. Eine analytische Konkretisierung des Wettbewerbs als Konzept wird von Seiten der Neoklassik vorgenommen, womit es zur Entwicklung des Modells der vollständigen Konkurrenz (*Perfect Competition*) und des Marktgleichgewichts kommt. Aus der Kritik am Leitbild der vollständigen Konkurrenz heraus wird das Konzept des funktionsfähigen Wettbewerbs *(Workable Competition-Konzept)* entwickelt. Hier werden aus Realitätsgründen Marktunvollkommenheiten in die Betrachtung integriert. Mit der Theorie bestreitbarer Märkte *(Contestable Markets)* werden dann die Konsequenzen eines möglichen Markteintritts (potenzieller Konkurrenz) auf das Wettbewerbsverhalten in einem Markt thematisiert.

Der Wettbewerb als Entdeckungsverfahren

Schließlich wird im Rahmen des prozesstheoretischen Ansatzes des Wettbewerbs der Wettbewerb als ein Entdeckungsverfahren interpretiert. Der Wettbewerb dient hier der Entdeckung von Tatsachen, die ohne ihn verborgen geblieben wären *(vgl. zu einer umfassenden Übersicht und Darstellung der unterschiedlichen Wettbewerbskonzepte Kowalski 1997).*

In der vorliegenden Untersuchung finden die Konzepte des funktionsfähigen Wettbewerbs und der bestreitbaren Märkte sowie der prozesstheoretische Ansatz Berücksichtigung. Sie alle stellen wertvolle Begründungen für Wettbewerb im Allgemeinen und auf Telekommunikationsmärkten im Besonderen zur Verfügung. Zur Analyse der aktuellen Wettbewerbsentwicklungen auf dem deutschen TV-Kabelmarkt sind darüber hinaus die Besonderheiten einer oligopolistischen Konkurrenz zu berücksichtigen.

Aus der prozessorientierten Sichtweise fällt dem Wettbewerb die Aufgabe zu, Wissen bei den Marktbeteiligten zu schaffen. Wie hat man sich dies konkret vorzustellen? Auf der einen Seite stehen aufmerksame Konsumenten, die innovative Angebote, Qualitäten und Preise auf globalisierten Märkten vergleichen. Moderne Informations- und Kommunikationsmedien wie das Internet senken dabei die Such- und Raumüberwindungskosten, die grundsätzlich von Seiten der Nachfrager aufgewandt werden müssen. Je transparenter ein Markt ist, desto höher fallen die Chancen für die Konsumenten aus, billigere, innovativere sowie qualitativ höherwertige Produkte zu finden und diese gegen die bisherigen Produkte auszutauschen. Je transparenter der Markt ist, desto größer ist der Druck auf die Anbieter, nach neuen Produkten bzw. Produktionsverfahren zu suchen. Fehlt es den Konsumenten an Möglichkeiten, Produkte bzw. Produktanbieter zu substituieren, so fehlt es an Wettbewerb, und Monopolstellungen können sich etablieren. Unternehmer bzw. Manager, die keinem Wettbewerbsdruck ausgesetzt sind, finden kaum Anreize, Kosten für die Entwicklung neuer Produkte bzw. Verfahren aufzuwenden. Die Suche nach neuem Wissen erlahmt.

Innerhalb einer Wettbewerbswirtschaft können die Anbieter nie für lange Zeit eine derartige Monopolstellung aufrechterhalten. So werden die Käufer beispielsweise neue, innovative Ersatzprodukte (Substitute) in anderen Ländern finden und durch Import in deren Genuss kommen. Oder aber neue Anbieter aus anderen Branchen bringen enge Substitute auf den Markt, die preislich und/oder leistungsmäßig den bisherigen Angeboten überlegen sind. So mussten die Eisenbahnmonopole des neunzehnten Jahrhunderts die bittere Erfahrung machen, dass ihre vormals so unumstößlich geglaubte Monopolstellung durch das Aufkommen von Autos und Lastkraftwagen nachhaltig erschüttert wurde. Diese historische Beobachtung liefert auch für die heutige Zeit eine wichtige Erkenntnis: Die meisten Monopole sind angreifbar, wobei es keinen Unterschied macht, ob der Wettbewerb tatsächlich stattfindet oder nur potenziell möglich ist. Aus diesem Grund sind Unternehmen gezwungen, in die Wissenssuche zu investieren, um Dinge zu entdecken, die ihnen (zeitlich befristete) Vorteile gegenüber der Konkurrenz und den Zustrom von kaufbegeisterten Kunden garantieren können *(vgl. Kasper et al. 1999, S. 224)*. Aus einer prozessorientierten Perspektive heraus dient der Wettbewerb als Instrument zur Suche nach neuem Wissen, zum Testen sowie zum Bestätigen dieses Wissens auf Seiten aller Marktbeteiligten.

„Daher möchte ich (...) den Wettbewerb einmal systematisch als ein Verfahren zur Entdeckung von Tatsachen betrachten, die ohne sein Bestehen entweder unbekannt bleiben oder zumindest nicht genutzt werden würden" (von Hayek 1994, S. 249).

Der Wettbewerb als ein Entdeckungsverfahren hilft neues Wissen bzw. neue Informationen zu schaffen und weiterzuleiten. Dabei handelt es sich um Antworten auf Fragen nach der Profitabilität eines Geschäftes oder aber nach möglichen Verlustpotenzialen, die mit ihm verbunden sind. Verlaufen Geschäfte verlustreich, so ist nach gewinnträchtigeren Geschäftsalternativen zu suchen. Ein derartig gestalteter Wettbewerbsprozess bietet für die Unternehmen starke Anreize für eine effiziente Suche nach vorhandenen Informationen sowie ihre sorgfältige Überprüfung.

Im Hinblick auf die Liberalisierung der Telekommunikationsmärkte wird aus der Überzeugung heraus gehandelt, dass marktwirtschaftliche und wettbewerbliche Prozesse zentral gesteuerten Prozessen innerhalb eines Monopols immer dann weit überlegen sind, wenn es um den Einsatz bzw. die Anwendung innovativer Technologien geht. Die Anreize, innerhalb einer bürokratischen Ordnung innovativ zu denken und zu handeln, fallen grundsätzlich sehr unterentwickelt aus. Der mitunter bewusste Verzicht auf ein Erfolg versprechendes, innovatives Projekt bleibt in der Regel unbestraft, da es einem potenziellen Wettbewerber nicht möglich ist, einen in seiner Position (politisch gestützten) Monopolisten zu verdrängen.

In einem wettbewerblich organisierten Markt mit freiem Zugang hingegen, genießen die Marktteilnehmer weder Schutz vor innovativen Initiativen, der aus den eigenen Reihen kommt, noch vor entsprechenden Entwicklungen, die von einem Marktneuling von außen in den Markt herein getragen werden. Gerade der Telekommunikationsmarkt, der sich durch seine hohe Technologiedynamik auszeichnet, macht dies deutlich. Innovative Technologien und Produkte neuer Unternehmen können, solange keine Markteintrittsbarrieren vorliegen, monopolistische wie auch oligopolistische Positionen erschüttern und zu effizientem Wettbewerb führen *(vgl. Donges/Freytag 2001, S. 182ff.)*.

Liberalisierungsanstrengungen zeigen erste Erfolge

In der Bundesrepublik Deutschland sind in den vergangenen Jahren zwei ehemalige Monopolbereiche – Telekommunikation und Elektrizität – dem Wettbewerb ausgesetzt worden, die über viele Jahrzehnte als wettbewerblich unantastbar galten. Die bisherigen Erfahrungen bestätigen die prozessorientierte Sichtweise des Wettbewerbs auf eindrucksvolle Weise: In den einst staatlich überregulierten, ineffizienten Wirtschaftsbereichen bahnen sich die marktwirtschaftlichen Kräfte kraftvoll den Weg in Richtung Kundenorientierung, Produktivitätsfortschritt, technologische Innovationen sowie Preissenkungen bei gleichzeitiger Qualitätsverbesserung. Dies gilt im Bereich der Telekommunikation insbesondere für Telefongespräche im Fernnetz, für Endgeräte sowie für Zusatzdienste.

Wettbewerb heute: Entdeckung von Neuem innerhalb kürzester Zeit

Der Wettbewerb als Entdeckungsverfahren weist auf Informations- und Kommunikationsmärkten allerdings eine über seine oben geschilderten Funktionen hinausgehende, neue Eigenschaft auf: Die Entdeckung von Neuem innerhalb kürzester Zeit. War es bis vor kurzem so, dass innovative Unternehmen für einen gewissen Zeitraum und in einem gewissen Ausmaß „auf der Höhe ihrer Zeit" waren, so werden Technologien und Produkte, und damit Informations- und Kommunikationsmärkte, heutzutage im Minutentakt revolutioniert, modifiziert bzw. verbessert:

„From generation to generation, markets were always re-creating themselves. But now, in the information age, the very idea of what a market is tends to change seemingly by the minute" (Leebaert 1998, S. 1).

Geschwindigkeitswettbewerb: „Economies of Speed"

Damit müssen erfolgreiche Unternehmen auf Informations- und Kommunikationsmärkten nicht nur innovativ sein; die Innovationen müssen auch schnell, bei gleichbleibend hoher Qualität an den Markt gebracht werden können.

Die Reaktionsfähigkeit bzw. Flexibilität der Unternehmen wird zu einem strategischen Erfolgsfaktor: Nur wer „Economies of Speed" zu realisieren in der Lage ist, wird auf dynamischen Wettbewerbsmärkten langfristig bestehen können. Hinter dieser Feststellung steht aber die strategische Konsequenz, dass auf den Informations- und Kommunikationsmärkten schiere Größe allein für unternehmerischen Erfolg nicht ausreicht. Als neue, strategische Kernfähigkeit ist Schnelligkeit, Innovationskraft und Anpassungsfähigkeit gefragt. Neue strategische Herausforderungen bzw. neue Anforderungen an die Kernfähigkeiten machen entsprechend passende Strukturen notwendig (womit der betriebswirtschaftlich relevante Zusammenhang zwischen Strategie und Struktur angesprochen ist). Mehr als in allen anderen Branchen werden im Informations- und Kommunikationssektor strategische Anforderungen an die Unternehmen gestellt, die sich nur durch eine entsprechende Außenorientierung erfüllen lassen:

- **Konsequente Markt- und Wettbewerbsorientierung** der Unternehmen (d.h. Ausrichtung aller unternehmerischen Prozesse sowie allen unternehmerischen Denkens und Handelns auf Markt bzw. Wettbewerb und damit auf den Kunden),

- **Flexibilität** der Unternehmen (d.h. die Sicherstellung der Aktionsfähigkeit sowie Erhöhung der Anpassungsfähigkeit und -geschwindigkeit an sich ändernde externe Rahmenbedingungen),

- **Innovationsfähigkeit** der Unternehmen (d.h. Förderung der Entwicklung und Durchsetzung neuartiger Produkte, Dienste und Verfahren).

Diesen Außenanforderungen muss durch entsprechende Maßnahmen im Innenbereich der Unternehmen entsprochen werden:

- **Geschäftsprozess-Effizienz** (d.h. flexible, rasche sowie spezialisierte Aufgabenerfüllung in allen Geschäftsprozessen),

- **Finanz- und Sachressourcen-Effizienz** (d.h. zielorientierte Ausschöpfung der finanziellen und materiellen Ressourcen sowie Kapazitäten),

- **Führungsprozess-Effizienz** (d.h. schnelle, kostengünstige und gut fundierte Planung, Steuerung, Kontrolle und Koordination der Aufgabenerfüllungsprozesse),

- **Human Ressourcen-Orientierung** (d.h. Ausschöpfen und Entwickeln der Qualifikation und Motivation des Managements und der Mitarbeiter, insbesondere im Hinblick auf die Förderung selbständigen, unternehmerischen Denkens und Handelns, *vgl. Krüger 1993, S. 14)*.

Die DTAG war als Monopolist zu einer derartigen Außen- wie Innenorientierung niemals gezwungen, weshalb ihre Geschäfte in weiten Bereichen auch chronisch defizitär ausfielen. Gerade mit ihrem Breitbandkabelnetz erwirtschaftete die DTAG nur Verluste, dringend notwendige Investitionen unterblieben, Kundenorientierung war ein Fremdwort. Entsprechend rückständig fällt der technologische Zustand des DTAG-Netzes heute aus. Wer aber kann nun für entsprechende Flexibilität auf dynamischen und globalisierten Wettbewerbsmärkten der Informations- und Kommunikationsbranche sorgen?

Die Deutsche Bank beispielsweise beabsichtigte über ihre Tochter DB Investor in den Besitz des DTAG-Kabels zu kommen. Sind aber große und durch Fusionen immer noch größer werdende Unternehmen bzw. Konzerne die geeigneten Spieler für das Wettbewerbsspiel auf Informations- und Kommunikationsmärkten? Können Großkonzerne die entsprechende Außenorientierung durch flexibilitätserhöhende Maßnahmen in ihrer Binnenstruktur untermauern? Die einschlägigen Erfahrungen mit der Anpassungsfähigkeit bzw. Beweglichkeit von Konzernen lässt die Beantwortung dieser Frage eher kritisch ausfallen. Schnelligkeit, Anpassungsfähigkeit sowie Innovationskraft sind Eigenschaften, die bedeutend häufiger bei Unternehmen kleinerer bis mittlerer Größe zu finden sind. Der kundenorientierte Aufbau von Kernkompetenzen ist das charakteristische Merkmal kleinerer und mittlerer Unternehmen. Nicht schiere Finanzkraft, sondern Marktnähe und Innovationskraft bilden hier die strategischen Vorteile.

Zusammenfassend lässt sich festhalten, dass der Wettbewerb die Unternehmen zu Innovationen und Kundenorientierung zwingt. Ein Monopolist gewinnt durch eine Innovation bzw. Kundenorientierung weniger als ein im Wettbewerb stehendes Unternehmen. Durch die Einführung innovativer Produkte sowie durch konsequente Kundenorientierung wird der Monopolist lediglich zu einem „neuen" Monopolisten. Dagegen gewinnt das im Wettbewerb stehende Unternehmen durch Innovationen und Marktorientierung erstmals Marktmacht *(vgl. Finsinger 1991, S. 196)*.

Der Wettbewerbsdruck kann allerdings auch zu Konzentrationstendenzen innerhalb einer Branche führen, was zu oligopolistischen oder duopolistischen Strukturen führen kann. Die Fusion großer Unternehmen und die damit verbundene Kartellisierung eines Marktes kann zu einer deutlichen Benachteiligung oder vollständigen Behinderung kleinerer Marktteilnehmer führen. Solange aber Fusionen vor dem Hintergrund der Globalisierung von den zuständigen Kartellbehörden genehmigt werden, müssen für diese Märkte die Marktzutrittsschranken signifikant gesenkt werden. Nur über diesen potenziellen Wettbewerb ist gewährleistet, dass sich keine Marktmacht zum Nachteil der Konsumenten verfestigt.

4.3 Von der Regulierung zur Deregulierung – Die Entdeckung des Wettbewerbs auf Fernnetzmärkten

4.3.1 Marktwachstum und Marktzutritt in traditionellen Festnetzen

Wettbewerbspotenziale auf Fernnetzmärkten wurden insbesondere in den achtziger Jahren entdeckt und entwickelt. Im Mittelpunkt standen dabei Liberalisierungsbemühungen auf Fernnetzmärkten in den USA, Japan sowie Großbritannien. Dabei kann die Diskussion über die Deregulierungspotenziale im Fernnetzbereich im Wesentlichen als abgeschlossen betrachtet werden. Die entscheidenden Wettbewerbskennzeichen, welche die Konkurrenzbeziehungen zwischen unterschiedlichen Netzinfrastrukturen im Fernbereich charakterisieren, haben sich während der neunziger Jahre nicht wesentlich geändert. Darüber hinaus kann man mittlerweile auf vielfältige Erfahrungen, die in Australien, Neuseeland, Großbritannien, Finnland etc. mit Netzwettbewerb bei Fernübertragungen gemacht wurden, zurückgreifen *(vgl. Merkt 1998, S. 63)*.

Wachsender Bedarf an Übertragungsleitungen

Die in den vergangenen Jahren stark angestiegene Nachfrage nach Telekommunikationsleistungen und -diensten führt bis heute zu einem wachsenden Bedarf an entsprechenden Übertragungsleitungen. Unter Berücksichtigung der Tatsache, dass Fernnetze in der Vergangenheit als „natürliche Monopole" organisiert waren, wären die ursprünglichen Netzkapazitäten aufgrund der schnell steigenden Nachfrageentwicklung nicht mehr in der Lage gewesen, den anfallenden Verkehr zu bedienen. Um das zusätzliche Aufkommen an Telekommunikationsleistungen und -diensten überhaupt transportieren zu können, musste es zur Erweiterung der Leitungskapazität kommen. Dieser Sachverhalt lässt sich vereinfacht anhand von Abb. 15 darstellen. *(vgl. Merkt 1998, S. 65f. und Knieps 1985, S. 32).*

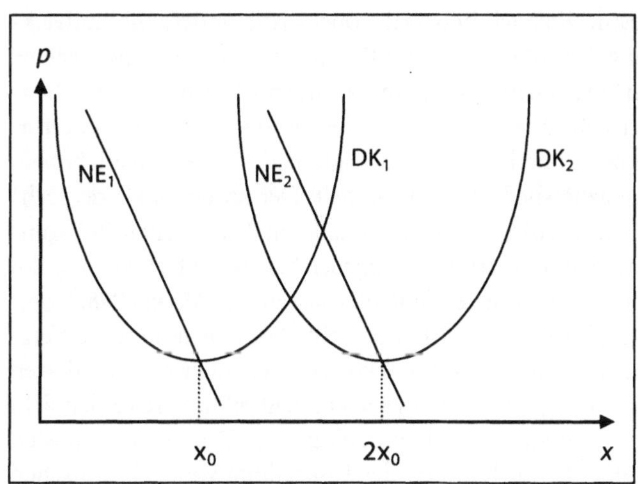

Abb. 15 Übergang von einem natürlichen Monopol zu einem unnatürlichen Monopol

Gegeben sind die Kosten- und Nachfragebedingungen bei Marktwachstum und Marktzutritt innerhalb eines traditionellen Fernnetzes. In der Ausgangsperiode, die durch eine Nachfrage in Höhe von NE_1 gekennzeichnet ist, reicht ein einziges Unternehmen mit den Durchschnittskosten DK_1 aus, um den Markt, bei der Nachfragemenge x_0, mit minimalen Durchschnittskosten effizient zu bedienen. Sobald es aber zu einer Nachfragesteigerung auf NE_2 kommt, hat der bisherige Anbieter einen Kostennachteil hinzunehmen, falls es nicht zum Aufbau neuer Kapazitäten kommt. Wie Abb. 15 zeigt, ist der Betrieb von zwei Netzen mit den Durchschnittskosten DK_2 und einem neuen Durchschnittskostenminimum $2x_0$ verbunden. Eine kosteneffiziente Bedienung des Nachfrageanstiegs macht den Zutritt eines neuen Unternehmens in den Markt und die Errichtung eines zweiten Netzes erforderlich *(vgl. ausführlich zu dieser Argumentation Knieps 1985, S 31ff.)*. Wettbewerb im Fernnetzbereich erscheint damit sowohl nötig als auch möglich zu sein.

4.3.2 Technischer Fortschritt als Kostensenkungspotenzial im Fernnetzbereich

Technischer Fortschritt im Netzbereich

Der technische Fortschritt hat vielerlei Veränderungen im Festnetzbereich bewirkt, wobei insbesondere die Entwicklung der optischen Vermittlungs- und Übertragungssysteme im Vordergrund stand und immer noch steht. So hat sich innerhalb der letzten Jahre der Einsatz optischer Signalübertragung als überlegene Technologie in Netzbereichen mit hohem Kapazitätsbedarf herausgestellt. Der kostensenkende, technische Fortschritt, so die These, kann den Eintritt in Telekommunikationsmärkte ermöglichen bzw. vereinfachen sowie ihn mit höherer Effizienz ablaufen lassen *(vgl. Merkt 1998, S. 66)*.

Im Folgenden wird unterstellt, dass eine innovative Netztechnologie die Fernnetzkosten gegenüber der etablierten Technologie deutlich senken kann. Abbildung 16 verdeutlicht die Konsequenzen einer Senkung der Durchschnittskosten (DK), die im Rahmen der Umstellung von elektronischen (DKK, Koaxialkabel) auf optische (DKGF, Glasfaser) Signalübertragungsverfahren auftreten *(vgl. Merkt 1998, S. 67)*.

Annahmegemäß basieren die Netzkapazitäten des etablierten Netzbetreibers auf traditionellen Kupferkabel- oder Koaxialkabeltechnologien. Es kommt nun zum Markteintritt eines neuen Betreibers, der eine innovativere und kosteneffizientere Technologie verwendet. Wie aus Abb. 16 ersichtlich, kann der etablierte Netzbetreiber mit seinem gerade kostendeckenden Preis $p_{min, K}$ den Markteintritt des neuen Betreibers nicht verhindern. Verwendet der Marktneuling beim Aufbau seiner Netze die innovativere, optische Technologie, so verursacht er geringere Durchschnittskosten als der etablierte Betreiber mit der alten Netztechnologie. Beim Einsatz der neuen Technologie entspricht der Wettbewerbspreis bei Kostendeckung für beide Anbieter gleichermaßen $p_{min,GF}$. In dieser Situation verliert der etablierte Netzbetreiber seinen Marktvorteil aufgrund des technischen Fortschritts *(vgl. Merkt 1998, S. 67f.)*.

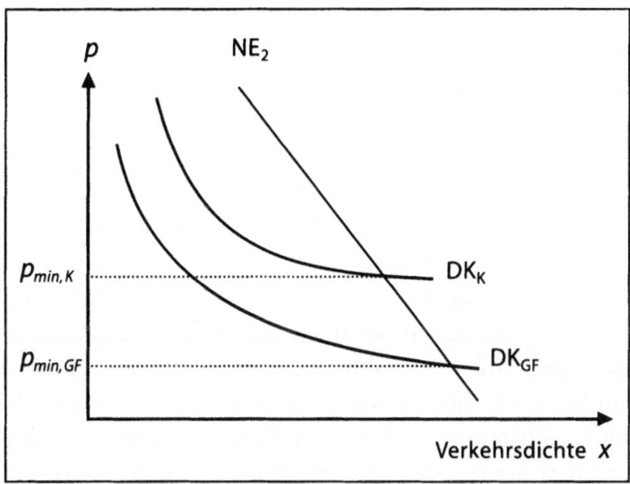

Abb. 16 Durchschnittskostenverlauf in Koaxialkabelnetzen und in Glasfaserkabelnetzen, vgl. Merkt 1998, S. 67

Kein natürliches Monopol im Fernnetzbereich

Die These eines natürlichen Monopols im Fernnetzbereich, d.h. die Argumentation, dass im Fernnetzbereich nur ein einziges Unternehmen in der Lage ist, den relevanten Markt kostengünstig zu versorgen, lässt sich vor dem Hintergrund der obigen Ausführungen nicht mehr länger aufrecht erhalten. Vielmehr lassen sich eine Reihe von Ursachen für einen funktionsfähigen Wettbewerb im Fernnetzbereich identifizieren. Insbesondere sei hier nochmals zusammenfassend

- auf nicht vollständig ausgeschöpfte Größenvorteile aufgrund stark wachsender Nachfrage sowie
- auf die kostensenkenden Potenziale des technologischen Fortschritts

verwiesen *(vgl. ausführlich Merkt 1998, S. 69ff.)*.

4.4 Von der Regulierung zur Deregulierung – Die Entdeckung des Wettbewerbs im Ortnetz

4.4.1 Natürliches Monopol und Marktmacht im Ortsnetz

Natürliches Monopol im Ortsnetzbereich?

Der Bereich der Ortsnetze wird oftmals noch als der Teilbereich eines Telekommunikationssystems angesehen, in dem am ehesten die einschlägigen Kriterien für das Vorliegen eines natürlichen Monopols erfüllt sind und daher ein wettbewerblicher Ausnahmebereich vorliegen muss. Diese Sichtweise baut auf folgender Argumentation auf:

Traditionell ist die Bereitstellung lokaler Telekommunikation mit solchen Technologien verbunden, die durch hohe fixe Kosten, geringe variable Kosten bzw. Grenzkosten und starke Bündelungsvorteile im Rahmen der Bedienung räumlich naher Endkunden charakterisiert sind. Vor dem Hintergrund dieses Sachverhalts können die Kosten der Bereitstellung eines bestimmten Dienstespektrums immer nur dann minimiert werden, wenn dieses Angebot bei einem einzigen Unternehmen konzentriert ist. Die zusammengefasste Produktion des Dienste- bzw. Leistungsangebots führt demnach zu geringeren Kosten als seine Bereitstellung durch verschiedene Unternehmen. In diesem Zusammenhang wird auch von subadditiven Kosten gesprochen *(vgl. Müller 1995, S. 42f.).*

Durch das Vorliegen einer Technologie mit hohen fixen Kosten und geringen variablen Kosten, kann ein am Markt etabliertes Unternehmen Marktmacht aufbauen und diese auch erfolgreich verteidigen.

Theorie angreifbarer Märkte und potenzieller Wettbewerb

Dieser Argumentation der früheren Industrieökonomik wurde von Seiten der „Theorie der angreifbaren Märkte" *(Contestable Markets Theory)* deutlich widersprochen. Anstatt den Schwerpunkt der Betrachtung auf den Wettbewerb in einem Markt zu legen, betont die Theorie angreifbarer Märkte den Wettbewerb um einen Markt. Im Mittelpunkt dieses Ansatzes steht somit die Disziplinierung des etablierten Netzbetreibers durch potenziellen Wettbewerb, was zum einen das Fehlen von Marktzutrittsbarrieren voraussetzt. Ist ein Marktzutritt grundsätzlich möglich und ist der Markt somit angreifbar, so bleibt auch einem starken (natürlichen) Monopolisten nichts anderes übrig, als kosteneffizient zu produzieren und Wettbewerbspreise zu setzen.

Um die Bedingungen für das Vorliegen eines angreifbaren Marktes zu erfüllen, muss zum anderen aber für einen potenziellen Wettbewerber auch ein Marktaustritt ohne Inkaufnahme irreversibel hoher Kosten möglich sein. Dabei sind es irreversible, ressourcenspezifische Investitionen, die bestimmte Kosten an die Bedienung eines bestimmten Kunden oder an die Erstellung eines bestimmten Produktes binden. Im Falle der Einstellung der Produktion lassen sich diese Kosten nicht mehr, oder in nur geringem Umfang, in Erlöse umwandeln. So entstehen bei einem Marktaustritt Verluste in Höhe der nicht abgeschriebenen und versunkenen Investitionen des Unternehmens. In diesem Fall ist der Marktaustritt mit irreversiblen Kosten verbunden. Ein natürlicher Monopolist, dessen kostenminimale Technologie spezifische bzw. irreversible Investitionen notwendig macht, ist nicht angreifbar. In einem solchen nichtangreifbaren Markt verfügt der etablierte Anbieter über Marktmacht bzw. über „First Mover Advantage“ *(vgl. Merkt 1998, S. 80f.)*.

Die im Ortsnetzbereich vorherrschende kabelbasierte Technologie ist mit hohen irreversiblen Kosten und Unteilbarkeiten verbunden. Somit sind im Bereich dieser netzgebundenen Infrastruktur Größenvorteile und versunkene Kosten vorhanden. Nach der Theorie der angreifbaren Märkte sind damit zentrale Voraussetzungen für ein Marktmachtproblem im Bereich des Ortsnetzes gegeben. Erweitert man im Rahmen der Analyse von Telekommunikationsortsnetzen jedoch die Perspektive, so resultieren daraus Erkenntnisse, die sich mit Hilfe des Ansatzes des natürlichen Monopols nicht ergeben *(vgl. Merkt 1998, S. 81ff.)*.

4.4.2 Wettbewerb im Ortsnetz mit Hilfe von Kabelfernsehnetzen

TV-Kabelnetze schaffen dringend notwendigen Wettbewerb im Ortsnetz

Wettbewerb im Ortsnetz – das zeigen inzwischen zahlreiche empirische Erfahrungen – ist insbesondere durch den Einsatz alternativer Technologien, wie Kabelfernsehnetze und funkbasierte Anschlüsse, möglich. Im Folgenden wird auf die Wettbewerbspotenziale, welche die Fernsehkabelnetze im Ortsbereich entfalten können, eingegangen.

Der Wettbewerb innerhalb der Ortsnetze lässt sich besonders durch niedrige Marktzutrittsbarrieren für „neue“ Technologien fördern. Aufgrund der Konvergenz von Medien-,

Telekommunikations- und Computerindustrie erschließen sich insbesondere für die TV-Kabelnetze zusätzliche Aufgabenfelder, was zu einer deutlichen Stimulierung des Wettbewerbs im Ortsnetz führen kann *(vgl. Merkt 1998, S. 84f.)*.

Strategie der TV-Kabelnetzbetreiber im Ortsnetz

Aus der Perspektive der Betreiber von TV-Kabelnetzen kann die Übertragung von Telekommunikationssignalen eine Erweiterung der bisherigen Distributionsaktivitäten darstellen. So dienen in Großbritannien die Glasfaserleitungen zu den Verteilpunkten der letzten fünfhundert Meter vor den Hausanschlüssen sowohl zur Beförderung von Telekommunikationssignalen als auch zur Übertragung von Kabelfernsehdaten. Damit lassen sich die installierten Schächte der letzten fünfhundert Meter auch für Kupfer- und Koaxialkabel verwenden, was jedoch mit entsprechenden Umrüstkosten verbunden ist. Das Potenzial eines infrastrukturbasierten Wettbewerbs durch TV-Kabelnetzbetreiber in Ortsnetzen ist damit im Wesentlichen von den konkreten Kosten der Netzbetreiber abhängig.

Bedeutung von versunkenen Kosten und Verbundvorteilen im Kabelmarkt

Die Abhängigkeit von der Höhe der versunkenen Kosten des etablierten Netzbetreibers einerseits sowie vom Umfang der Verbundvorteile des Kabelfernsehbetreibers andererseits bedeutet: Je höher die Kosten für die technologische Aufrüstung bestehender Netze ausfallen, desto eher verbleibt der strategische Kostenvorteil beim etablierten Netzbetreiber. Dieser Aspekt wird in einer etwas modifizierten Weise an anderer Stelle, im Rahmen der Erörterung des Verkaufs des DTAG-TV-Kabelnetzes, eine wichtige Rolle spielen.

Absolute Kostenvorteile der TV-Kabelnetzbetreiber

Je intensiver aber TV-Kabelnetzbetreiber sich Verbundvorteile zu Nutze machen können, desto eher ist für ihre Kabelfernsehnetze ein absoluter Kostenvorteil realisierbar, welcher in der Lage ist, den strategischen Vorteil des etablierten Betreibers kompensieren zu können. Verbundvorteile der TV-Kabelnetze können dabei auf zwei unterschiedlichen Ebenen auftreten: zum einen im Bereich der irreversiblen Investitionen und zum anderen im Bereich der reversiblen Kosten *(vgl. Merkt 1998, S. 86f.)*.

Die irreversiblen Investitionen, die im Rahmen der Erstellung von Telekommunikationsleistungen durch TV-Kabelnetzbetreiber in Kauf genommen werden müssen, sind für die betroffenen Unternehmen meist ohne Relevanz. So lässt sich ein für Glasfaser- und Koaxialkabel installiertes Röhrensystem auch für den Einsatz von Kupferkabeln verwenden. Darüber hinaus werden zunehmend Signale auch simultan über gemeinsame Glasfaserkabel transportiert. Dies kann im Grenzfall sogar dazu führen, dass TV-Kabelnetzbetreiber keinerlei irreversible Investitionen mehr im Rahmen der Einrichtung der Netze für die 2-Wege-Kommunikation aufwenden müssen. Des Weiteren können Verbundvorteile aber auch im Bereich der reversiblen sowohl fixen als auch variablen Kosten vorliegen. Verbundvorteile im Bereich der reversiblen Kosten ergeben sich aus der gemeinsamen Nutzung von Kabeln, Kopfstationseinrichtungen, der Rechnungserstellung *(Billing)*, der Netzwartung bzw. des Netzmanagements *(Network Management)* sowie der Kundenbetreuung *(Customer Care)* und der gemeinsamen Nutzung eines Marken- bzw. Firmennamens *(Branding) (vgl. Merkt 1998, S. 87)*.

Das potenziell hohe Einsparungsvolumen der TV-Kabelnetzbetreiber bei den versunkenen Kosten kann dazu führen, dass für sie keine irreversiblen Kosten im Rahmen des spezifischen Angebots von Telekommunikationsleistungen anfallen werden. Daher lassen sich bei einem Marktaustritt aus der Telekommunikation alle spezifischen Kosten auch wieder rückgängig machen. Es muss allerdings berücksichtigt werden, dass nicht jedes Kabelnetz gleichermaßen in der Lage ist, Verbundvorteile bei den irreversiblen Investitionen zu nutzen. So fallen die Aufrüstkosten insbesondere bei älteren Kabelfernsehverteilnetzen signifikant hoch aus. In einem solchen Fall müssen diese Kosten als entscheidungsrelevant für das Angebot von Telekommunikationsdiensten betrachtet werden. Generell sind aber auch in älteren TV-Kabelnetzen, die erst im Nachhinein mit einem Rückkanal ausgestattet werden, Potenziale für die Realisierung von Verbundvorteilen vorhanden. Allerdings muss bei einer technischen Aufrüstung der Netze das mit dem Investitionsbedarf verbundene Kostenvolumen explizit Berücksichtigung finden. Dieser Aspekt wird im Rahmen der Analyse des Verkaufs des DTAG-TV-Kabelnetzes eine große Rolle spielen.

„Letztendlich sind es die Verbundvorteile, die den Marktzutritt der Kabelfernsehnetzanbieter in die Telekommunikation ermöglichen. Die für Telekommunikationsortsnetze im Rahmen der Theorie des natürlichen Monopols abgeleiteten Marktzutrittsschranken sind daher nicht für alle potentiellen Marktneulinge gleichermaßen zutreffend“ (Merkt 1998, S. 88).

Nachdem bisher im weitesten Sinne Regeln für die Telekommunikationsmärkte dargestellt wurden, stehen im Folgenden die betriebswirtschaftlichen Entscheidungen im

Mittelpunkt der Betrachtung. Im Rahmen der Darstellung und Analyse von Entscheidungssituationen wird in der modernen Betriebswirtschaftslehre zunehmend auf Begriffe und Konzepte der Spieltheorie zurückgegriffen. Die Spieltheorie sucht nach den für gegebene Regeln optimalen Spielzügen und verfolgt damit entscheidungslogische Fragestellungen. Sie stellt ein Verfahren zur Untersuchung solcher Situationen zur Verfügung, in denen sich Wirtschaftssubjekte (bzw. allgemeiner: Individuen) durch ihr Verhalten wechselseitig beeinflussen. Während in den vorangegangenen Abschnitten also die Bedeutung der Spielregeln für den Erfolg von Märkten herausgestellt wurde, nun die darunter liegende Ebene der Spielzüge, d.h. der Unternehmensstrategien, die auf dem deutschen TV-Kabelmarkt zum Tragen kommen, betrachtet.

Teil B

Strategien und Management für den deutschen Fernsehkabelmarkt

1 Strategiepotenziale privater Kabelnetzbetreiber

1.1 Strategische Ansätze zur Erzielung eines dauerhaften und überdurchschnittlichen Unternehmenserfolges

Marktkenntnis, Management von Kernkompetenzen und Flexibilität als strategische Erfolgsfaktoren privater Unternehmen

Wie in Teil A dargelegt, hält durch die schrittweise Deregulierung der Telekommunikationsmärkte die Marktwirtschaft Einzug in diese Branche. Diese, durch die EU-Wettbewerbskommission bzw. durch die deutsche Regulierungsbehörde, vorangetriebene Veränderung der Spielregeln bietet Unternehmen mit Marktkenntnis und zukunftsgerichteten Ideen attraktive Wachstumspotenziale. Gerade die dynamische Entwicklung privater, mittelständischer Unternehmen der Telekommunikationsbranche belegt deutlich, dass man mit entsprechender Kompetenz und Flexibilität sowie mit zukunftsweisenden Visionen und Strategien von der Liberalisierung bzw. Deregulierung und damit von schärferen Wettbewerbsbedingungen profitieren kann.

Die wettbewerbsfördernde Gestaltung der Marktregeln stellt den zentralen ersten Schritt in Richtung Kundenorientierung und Wachstum innerhalb einer Branche dar. Die Dynamik auf den Telekommunikationsmärkten der vergangenen Jahren belegt diese These eindrucksvoll.

Telekommunikationsmärkte folgen eigenen ökonomischen Gesetzen

Gleichzeitig folgen die Informations- und Kommunikationsmärkte im Allgemeinen und der deutsche TV-Kabelmarkt im Besonderen sehr stark eigenen ökonomischen Gesetzen. Daher ist in einem zweiten Schritt besondere Aufmerksamkeit auf die Strategiebildung und Strategieumsetzung auf diesem Markt zu legen.

Die Deregulierung führt zu einem Wettkampf der neuen Anbieter mit dem „Alt-Monopolisten" und der neuen Anbieter untereinander um Marktanteile und möglichst gute Ausgangspositionen. Dabei befinden sich die Telekommunikationsmärkte in einem geradezu atemberaubenden Umbruch. Durch Fusionen, Übernahmen bzw. Akquisitionen, die auf nationaler und insbesondere internationaler Ebene erfolgen, wird versucht, sich attraktive Synergien und wachstumsversprechende Wettbewerbsvorteile zu sichern. Derartige Zusammenschlüsse verändern die Marktstruktur, was sich in einer zunehmenden Oligopolisierung sämtlicher Segmente der Telekommunikationsbranche zeigt. Für den Konsumenten bedeutet dies aber nicht zwingend, dass er vom Regen in die Traufe kommt. Denn trotz oligopolistischer Marktstrukturen gibt es eine deutliche Belebung von Wettbewerb und Kundenorientierung auf den meisten Telekommunikationsmärkten. So scheint es, dass trotz oligopolistischer Strukturen auf modernen Informations- und Kommunikationsmärkten nicht zwingend marktbeherrschenden Verhaltensweisen vorherrschen müssen.

Aus einer wettbewerbspolitischen Perspektive heraus ist es jedoch unerlässlich, dass private Unternehmen (Mit-)Spieler auf den Informations- und Kommunikationsmärkten bleiben. In diesem Zusammenhang stellt sich allerdings die Frage, mit Hilfe welcher strategischen Erfolgspotenziale private Unternehmen auf dem deutschen TV-Kabelmarkt bestehen können. Diese Frage impliziert zweierlei Aspekte: zum einen den nach den aktuell gegebenen Kernkompetenzen sowie zum anderen den nach der Fähigkeit, neue Marktchancen nutzen sowie neue Kompetenzen erschließen zu können.

Wachstum als zentrale strategische Option für mittelständische Unternehmen

Gerade mittelständische Unternehmen (der Netzebene 4) sehen sich auf den zunehmend oligopolistisch strukturierten TV-Kabelmärkten einem enormen Übernahmedruck ausgesetzt. Für sie besteht die grundlegende strategische Option darin, durch entsprechendes eigenes Wachstum nicht zum willenlosen Übernahmekandidaten für wachstumsstärkere (Mit-)Spieler zu werden. Um dieses Ziel zu erreichen, müssen die strategische Überlegungen und Entscheidungen privater (mittelständischer) Unternehmen mehreren Zielkriterien genügen (vgl. Abb. 17).

- Sie müssen die Branche, in der sie tätig sind, analysieren und bewerten. Dabei geht es um die Identifikation jener grundlegenden Einflussgrößen, die den langfristigen Erfolg innerhalb einer Branche und damit deren Attraktivität bestimmen. Diese strukturellen Merkmale einer Branche sind die Regeln, welche das Verhalten bzw. die Strategie der Unternehmen und damit ihre Erfolgsposition bestimmen. Richtet ein Unternehmen seine langfristige Vorgehensweise konsequent an diesen Marktbedingungen aus, so wird von einer marktorientierten Unternehmensstrategie gesprochen.

- Des Weiteren müssen sich die Unternehmen mit dem langfristigen Aufbau und Einsatz von einzigartigen Ressourcen und Kompetenzen beschäftigen. Dabei geht es darum, sich durch die Einführung von Innovationen im Kerngeschäft und den gleichzeitigen Aufbau neuer Geschäftsfelder nachhaltige Wettbewerbsvorteile zu sichern. Hierbei steht eine ressourcenorientierte Unternehmensstrategie im Mittelpunkt der Betrachtung.

- Insbesondere auf oligopolistisch strukturierten Märkten ist mit dem Begriff „Strategie" für die Unternehmen auch die Berücksichtigung der Reaktionsmuster der Konkurrenten auf die eigenen Handlungen bzw. Entscheidungen von großer Bedeutung. Strategische Unternehmensführung bedeutet hier, sich der „Interdependenz der Verhaltensweisen" der am Markt operierenden und konkurrierenden Unternehmen bewusst zu sein. Für die Betreiber der Netzebene 4 wird hier insbesondere eine Strategie der Harmonisierung relevant, die eine Abstimmung der Betreiber unterschiedlicher Netzebenen auf kooperativer Basis fordert. Auf die strategische Option der Harmonisierung wird in Abschn. 3.4 (Teil B) näher eingegangen.

Alle drei Ansätze sind entscheidend für die Beurteilung und Auswahl von Strategien auf Telekommunikationsmärkten. Sie werden daher in den folgenden Ausführungen explizit wie implizit Berücksichtigung finden.

Abb. 17 Strategische Ansätze zur Erzielung eines dauerhaften und überdurchschnittlichen Unternehmenserfolges, in Anlehnung an Osterloh/Frost, 1996, S. 144

1.2 Branchenstruktur im Telekommunikationsbereich

Analyse der Strukturen im Telekommunikationsbereich

Im Zentrum strategischer Überlegungen steht das unternehmerische Bestreben, sich in einem dynamischen Wettbewerbsumfeld zu behaupten. Um die strategische Position mittelständischer Kabelnetzbetreiber zeigen zu können, sind in einem ersten Schritt die Strukturen der Telekommunikationsbranche zu analysieren.

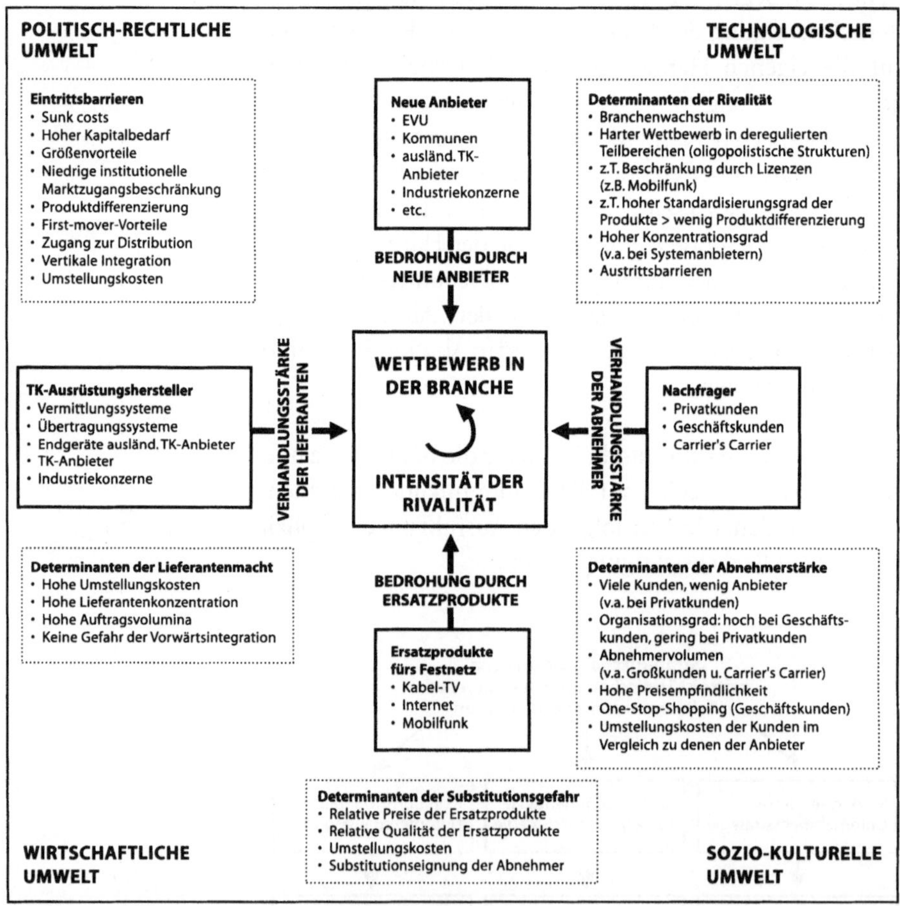

Abb. 18 Elemente der Branchenstruktur auf Telekommunikationsmärkten

Allgemein basiert der Wettbewerb in einer bestimmten Branche auf den dort gegebenen ökonomischen Bedingungen. Dabei repräsentieren die untereinander in Wettbewerb stehenden Marktakteure keineswegs die einzig wirksamen Wettbewerbskräfte. So stellen Abnehmer, Lieferanten, potenzielle neue Konkurrenten sowie Substitutionsprodukte ebenfalls starke Wettbewerbskräfte dar. Diese nehmen, in Abhängigkeit von der konkreten Branche, mehr oder weniger großen Einfluss auf die Wettbewerbssituation *(vgl. Porter 1999, S. 27)*. Die Elemente der Branchenstruktur im Telekommunikationsmarkt sind in Abb. 18 dargestellt *(vgl. hierzu Gries 1998, S. 51)*.

Die in Abb. 18 aufgeführten Elemente bestimmen die Branchenrentabilität, da sie direkten und indirekten Einfluss auf Preise, Kosten sowie den Investitionsbedarf innerhalb einer Branche nehmen. Im Folgenden werden wesentlichen Elemente der Branchenstruktur, so wie sie auf deutschen Telekommunikationsmärkten zu finden sind, gezeigt.

1.2.1 Rivalität unter den vorhandenen Wettbewerbern

Zum 01.01.1998 wurde das Sprachdienst- und Netzmonopol der DTAG abgeschafft, wobei Wettbewerb bereits vorher in Teilbereichen, z.B. bei Endgeräten, der Mobil- sowie Satellitenkommunikation, den Corporate Networks und den Alternativen Netzen, geschaffen wurde.

Da ein Großteil der Telekommunikationsdienste, vor allem die Basisdienste, eher Standardleistungen sind, haben die einzelnen Wettbewerber Differenzierungsmöglichkeiten insbesondere über den Preis und über die Serviceleistungen. Über eine Produktdifferenzierung lässt sich eine Abgrenzung gegenüber der Konkurrenz deutlich schwerer realisieren. Der Wettbewerb wurde seit dem 1. Januar 1998 auch überwiegend über den Preis ausgetragen, wobei es gerade im Telefonie-Fernnetzbereich zum Abschmelzen stattlicher Monopolrenten der DTAG kam. In Zukunft werden jedoch bessere Serviceleistungen sowie die Entwicklung innovativer Produkte und Leistungen zunehmende Bedeutung für die Schaffung von Wettbewerbsvorteilen erhalten *(vgl. Gries 1998, S. 50–53)*. Hierbei ist die Wachstumsdynamik moderner TV-Breitbandkabelnetze für die Übertragung innovativer Dienste und kundenorientierter Produkte nicht zu unterschätzen.

Schwierigkeiten des Marktzutritts

Die große Mehrheit der neuen Firmen bietet Produkte und Preisstrukturen an, die für Privat- wie Geschäftskunden die Telekommunikation deutlich preiswerter machen. Der Telekommunikationsmarkt scheint somit in seiner ganzen Breite durch wettbewerbliche Strukturen charakterisiert zu sein. Doch dieser Schein kann trügen. Ein genauer Blick hinter das Marktzutrittsgeschehen macht deutlich, dass Marktzutritt bislang nur in einem kleineren Teil des Telekommunikationsmarktes stattfindet. Vor diesem Hintergrund muss insbesondere der Frage nachgegangen werden, welche konkreten Marktstrukturen sich mittel- bis langfristig auf den Telekommunikationsmärkten erfolgreich durchsetzen werden. So könnte sich die augenblickliche Vielzahl an Anbietern im Telefoniebereich als ein Übergangsmodell herausstellen, das nach einer gewissen Zeit geradezu zwangsläufig in ein Monopol oder Oligopol mündet.

In diesem Zusammenhang erhält die Analyse des Verhaltens des dominanten Anbieters sowie seiner strategischen Möglichkeiten, Marktzutritt abzuwehren bzw. zu steuern, besondere Relevanz *(vgl. Neumann 1999, S. 73 ff.)*.

1.2.2 Bedrohung durch neue Konkurrenten

Ressourcen neuer Anbieter verändern die Wettbewerbsverhältnisse

Treten neue Konkurrenten in eine Branche ein, so bringen sie zusätzliche Kapazitäten, ein Streben nach Marktanteilen und oftmals beträchtliche Ressourcen mit. Gerade Unternehmen aus anderen Branchen bzw. Märkten, die durch Firmenkäufe bzw. -übernahmen in eine Branche eindringen, setzen vielfach ihre Ressourcen ein, um die Wettbewerbsverhältnisse in ihrem Sinne zu verändern *(vgl. Porter 1999, S. 30)*.

Man braucht nicht viel Phantasie, will man sich die Wettbewerbsverhältnisse auf dem deutschen Telekommunikationsmarkt vorstellen, wenn die DTAG heute noch alleiniger, monopolistischer Anbieter von Telekommunikationsprodukten und -leistungen wäre. Wie gestalten sich nun die Markteintrittsmöglichkeiten in den Telekommunikationsmarkt?

1.2.2.1 Markteintrittsbarrieren und ihre Bedeutung für den Wettbewerb auf dem deutschen Telekommunikationsmarkt

Telekommunikationsmarkt als Zukunfts- und Wachstumsmarkt

Der Telekommunikationsmarkt gilt als Zukunfts- und Wachstumsmarkt, weshalb er auf viele Unternehmen unterschiedlichster Provenienz eine hohe Anziehungskraft ausübt.

Der Eintritt in einen Markt kann durch eine räumliche Erweiterung *(Market Extension)* oder aber eine produktmäßige Erweiterung *(Product Extension)* sowohl etablierter als auch neugegründeter Unternehmen erfolgen. Ob der Eintritt in diesen Markt aber letztlich betriebswirtschaftlich lohnenswert ist, hängt ganz wesentlich von den konkret gegebenen Markteintrittsbarrieren ab. Die Analyse des Wettbewerbs auf Telekommunikationsmärkten hängt dabei vom sog. potenziellen Wettbewerb ab, weshalb sowohl Fragen des Markteintritts als auch der Eintrittsabschreckung nachgegangen werden muss. Grundsätzlich ist die Gefahr, die von potenziellen Wettbewerbern für im Markt etablierte Unternehmen ausgeht, von Art und Höhe der Markteintrittsschranken sowie von den Möglichkeiten der Eintrittsabschreckung abhängig. Für den potenziellen Wettbewerb auf Telekommunikationsmärkten kommen insbesondere solche Gruppen von Unternehmen in Frage, welche im Rahmen von Expansions- und Diversifikationsstrategien aus benachbarten Geschäftsfeldern, aus anderen Ländern oder aus vor- und nachgelagerten Wertschöpfungsstufen in diesen Markt einzudringen versuchen *(vgl. Gries 1998, S. 55)*.

Angreifbare Märkte

Zur Disziplinierung monopolistischer Verhaltensweisen auf Seiten der DTAG wäre es hiernach ausreichend, dass sie im Falle eines nicht wettbewerbskonformen Verhaltens mit dem Markteintritt neuer Anbieter sanktioniert wird. Wenn ein Monopolist befürchten muss, dass er seinen Markt verlieren wird sobald neue Wettbewerber in diesen Markt eintreten, wird er kaum mit schlechten Qualitäten, schlechtem Service und überhöhten Preisen experimentieren. Muss der Monopolist „potenzielle Konkurrenz" fürchten, so wird sein Markt als „angreifbarer Markt" *(Contestable Market)* bezeichnet. Es ist diese potenzielle Konkurrenz, die im Konzept angreifbarer Märkte den Disziplinierungsfaktor für die im Markt bereits tätigen Unternehmen darstellt.

Allein der potenzielle Wettbewerbsdruck ist es, der alteingesessene Unternehmen dazu veranlasst, wettbewerbsorientiert zu denken und zu handeln. Diese Annahme erscheint jedoch im Hinblick auf die – auf vielen Telekommunikationsmärkten – vorherrschenden Gegebenheiten, oftmals unrealistisch zu sein. Die reale Situation, so wird argumentiert, sei durch die Existenz versunkener Kosten sowie das Vorhandensein zahlreicher Marktein- bzw. Marktaustrittsbarrieren gekennzeichnet.

Markteintritts- und Marktaustrittsbarrieren

Markteintrittsbarrieren entstehen aufgrund von Vorteilen der in einem Markt operierenden etablierten Unternehmen bzw. aufgrund von Nachteilen der potenziellen am Markteintritt interessierten Konkurrenten. Für das etablierte Unternehmen ist es aufgrund der Markteintrittsbarrieren möglich, sich dem Wettbewerbsdruck der Newcomer zu entziehen und somit unbeschadet einen über dem Wettbewerbsniveau liegenden Preis zu erzielen. Aus der Perspektive der potenziellen Konkurrenten stellen Marktzutrittsschranken Kosten dar, welche ihre Gewinnerwartungen im Hinblick auf einen möglichen Marktzutritt schmälern.

Grundsätzlich lassen sich drei Typen von Marktzutrittsschranken unterscheiden:

- institutionelle,
- strukturelle und
- strategische Markteintrittsbarrieren.

Tabelle 1 Arten und Erscheinungsformen von Markteintrittsbarrieren

Typ der Eintrittsbarriere	Art/Erscheinungsform	
gesetzlich/administrative Markteintrittsbarrieren	• Eigentumsrechte	*(z.B. Patente, Lizenzen, Copy-Right)*
	• staatliche Regulierungen	*(z.B. technische, Emissions-, Gesundheits-, Sicherheitsstandards)*
	• Marktregulierungen	*(z.B. Mitbestimmungsrecht, nichttariäre Handelsbeschränkungen, öffentliche Auftragsvergabe)*
strukturelle Barrieren	*angebotsseitig:*	• hoher Kapitalbedarf (Fixkostendruck) • Betriebsgrößenvorteile • Lernkurveneffekte • Synergie- und Integrationsvorteile • Inkompatibilität oder Umstellungskosten • Zugang zu Vertriebskanälen
	nachfrageseitig:	• Produktdifferenzierung • Qualitätsreputation und Kundenloyalität • Netzeffekte
strategische Markteintrittsbarrieren	*homogener Wettbewerb: z.B.*	• Limit-Preisstrategie • Limit-Mengenstrategie • Limit-Kapazitätsstrategie • Limit-F&E-Patentstrategie • Limit-Sourcingstrategie
	heterogener Wettbewerb: z.B.	• Limit-Variantenstrategie • Limit-Werbestrategie • Limit-Kompatibilitätsstrategie • Limit-Qualitätsstrategie

Tabelle 1 gibt einen detaillierten Überblick über Typen sowie Erscheinungsformen derartiger Marktzutrittsschranken *(vgl. Pfähler et al. 1998, S. 34f.)*.

Gesetzlich administrative Eintrittsbarrieren sind das Ergebnis von Gesetzen bzw. staatlich garantierter Rechte sowie gezielter regulatorischer Maßnahmen. Dagegen resultieren strukturelle Barrieren aus Angebots- und Nachfragebedingungen, die sich auf ein neu in einen Markt eintretendes Unternehmen erschwerend auswirken. Das etablierte Unternehmen profitiert hier von einem sog. „blockierten Markteintritt". Strukturelle Barrieren lassen sich grundsätzlich durch strukturelle Maßnahmen, wie die der Entflechtung, abbauen. Strategische Eintrittsbarrieren werden bewusst von im Markt etablierten Unternehmen aufgebaut, um den Markteintritt potenzieller „unblockierter" Anbieter abzuschrecken, weshalb man in diesem Fall von einer „Eintrittsabschreckung" spricht. Den strategischen Eintrittsbarrieren ist von Seiten der Regulierungsbehörden besondere Aufmerksamkeit zu schenken, da sie das Ergebnis bewusst eintritts- und wettbewerbsbehindernder Verhaltensweisen eines etablierten Unternehmens darstellen *(vgl. hierzu Pfähler et al. 1998, S. 33 ff.)*.

Im Zentrum der Marktöffnung durch das neue Telekommunikationsgesetz stand die Eliminierung der vormals unüberwindlichen und lediglich partiell aufgelockerten administrativen Marktzutrittsbarrieren. Die Liberalisierung auf diesem Gebiet scheint in weiten Teilen auch gelungen zu sein. Gleichwohl existiert auf den anderen Gebieten noch erheblicher Handlungsbedarf, was im Folgenden im Hinblick auf die Besonderheiten des Telekommunikationsmarktes im Allgemeinen sowie des TV-Kabelmarktes im Besonderen an einigen exemplarischen Punkten herausgestellt werden soll *(vgl. zu dieser Einschätzung Neumann 1999, S. 77)*.

Strukturelle Eintrittsbarrieren sind u.a. das Ergebnis von Betriebsgrößenvorteilen *(Economies of Scale, Scope and Density)*, von hohem Kapitalbedarf (bzw. hohem Fixkostenblock), hohen Umstellungskosten, exklusivem Zugang zu Vertriebskanälen sowie Synergie- und Integrationsvorteilen. Diese Barrieren bilden eine sichere Grundlage für im Markt etablierte Unternehmen im Hinblick auf den erfolgreichen Einsatz strategischer Verhaltensweisen. Man vergegenwärtige sich den Ansatz der potenziellen Konkurrenz, der die Existenz von versunkenen Kosten zu einer zentralen Bedingung für die Wirksamkeit von strategischen Markteintrittsbarrieren macht. Für die Telekommunikationsbranche haben die folgenden Markteintrittsbarrieren besondere Relevanz *(vgl. Gries 1998, S. 56 ff. sowie Neumann 1999, S. 77 f.)*:

- **Versunkene Kosten (Sunk Costs)** Wie bereits an anderer Stelle angeführt, versteht man unter versunkenen (irreversiblen) Kosten diejenigen Kosten, die nicht mehr abgebaut werden können, wenn die Produktion eingestellt und die eingesetzten Produktionsfaktoren liquidiert werden. Versunkene Kosten treten dabei im Fall sog. „idiosynkratischer Investitionsgüter" auf. Investitionsgüter werden immer dann als idiosynkratisch bezeichnet, wenn ihr erwarteter Wert bei einer Nutzung in der nächstbesten Verwendungsalternative signifikant unter den Anschaffungs- und Herstellkosten bzw. unter dem aktuellen Buchwert in der vorgesehenen Verwendung liegt. Aufgrund ihrer Immobilität sowie aufgrund des Mangels an alternativen Verwendungsrichtungen stellen Telekommunikationsnetze idiosynkratische Investitionsgüter dar, da ein Netzbetreiber nach dem Markteintritt die spezifischen Kosten für den Netzaufbau nicht mehr rückgängig machen kann. Man spricht in diesem Fall von „netzbedingten versunkenen Kosten". Darüber hinaus ist jede Telekommunikations-Dienstleistung mit spezifischen Marketingkosten verbunden, die aufgrund ihrer Produktspezifität ebenfalls versunkene Kosten darstellen („marketingbedingte versunkene Kosten"). Die Höhe der netzbedingten versunkenen Kosten ist abhängig von der eingesetzten Übertragungstechnik sowie von den mit der Anmietung von Netzkapazität verbundenen Mietkonditionen. Im Vergleich zu über der Erde verlegten bzw. funkgestützten Übertragungswegen weist der Festnetzbereich die höchsten versunkenen Kosten auf.

- **Hoher Kapitalbedarf** Allein für den Aufbau eigener Telekommunikationsnetze sind enorm hohe Investitionen zu tätigen. Zusätzlich müssen jedoch auf dynamischen Informations- und Kommunikationsmärkten Gelder in die Erforschung und Entwicklung neuer Technologien und Anwendungen sowie in die Markteinführung neuer Produkte investiert werden. Im Falle des TV-Kabelnetzes der DTAG sind die Kosten für Erneuerungs- bzw. Aufrüstungsinvestitionen zu berücksichtigen.

- **Betriebsgrößenvorteile (Economies of Scale)** Größenvorteile des etablierten Anbieters wirken sich immer dann als Marktzutrittsbarrieren aus, wenn potenzielle Konkurrenten zu hohen Ausgaben für Anlagen, Werbung, Vertriebsstrukturen etc. gezwungen sind, um Kostenvorteile realisieren zu können. So müssen neue Wettbewerber im Telekommunikationsmarkt bis zum Erreichen einer kostengünstigen Unternehmensgröße Kostennachteile gegenüber den etablierten Wettbewerbern in Kauf nehmen. Wie bereits an anderer Stelle aufgeführt, sind insbesondere in den lokalen Netzen erhebliche Größenvorteile vorhanden. Zusätzlich treten hier auch Dichte- und Verbundvorteile *(Economies of Density and Scope)* bei der Versorgung benachbarter Anschlüsse auf. Gerade der Aufbau neuer lokaler TV-Kabelnetze ist mit einer Vielzahl von Beschränkungen bei der Kabelverlegung verbunden, die für die Netzbetreiber heute zu höheren Kosten führen als seinerzeit die Kabelverlegung durch die DTAG. Diese profitierte von der Tatsache, dass der Netzaufbau innerhalb eines längeren historischen Zeitraumes stattfand.

- **Produktdifferenzierung** Hiermit ist die Markenidentifikation der Kunden angesprochen. Aufgrund ihrer zeitlich längeren Präsenz am Markt verfügen etablierte Anbieter über einen hohen Bekanntheitsgrad sowie einen großen Kundenstamm. Dies wird auch auf dem deutschen Telekommunikationsmarkt deutlich: Durch die über Jahrzehnte gefestigte Position als Monopolunternehmen ist der Bekanntheitsgrad der DTAG extrem hoch. Sie verfügt als einziger Anbieter über ein flächendeckendes Telekommunikationsnetz. Neue Anbieter am Markt sind daher gezwungen, in den Aufbau eines Markennamens zu investieren, um die durch habituelles Kaufverhalten geprägten Kunden der DTAG abwerben zu können.

- **Netzeffekte** Die Tatsache, dass die Nachfrage auf Netzmärkten von der Anzahl der bereits verkauften Güter bzw. der an das Netzwerk angeschlossenen Kunden abhängt, erschwert ebenfalls den Eintritt in Telekommunikationsmärkte. Ein im Telekommunikationsmarkt etabliertes Unternehmen kann sich höhere Preise oder eine schlechtere Qualität leisten, wenn es sich in der Vergangenheit eine große Basis geschaffen hat, die ihm hohe Netzeffekte garantiert.

- **Vorteile vertikaler Integration** Die DTAG ist als bisher alleiniger Systemanbieter in der Lage, die gesamte Wertschöpfungskette abzudecken, wobei die Endgeräte zwar (noch) nicht von der DTAG selbst hergestellt, über den T-Versand bzw. die T-Punkt-Filialen jedoch die Produkte anderer Hersteller vertrieben werden. Die DTAG bietet sowohl Übertragungs- und Vermittlungsleistungen als auch Dienste nachgelagerter Wertschöpfungsstufen an. Für Diensteanbieter wirkt sich diese vertikale Integration bisher markteintrittshemmend aus, da aufgrund ihrer dominierenden Stellung die Möglichkeit besteht, dass die DTAG konzernintern niedrigere Verrechnungspreise im Vergleich zu den externen (Kunden-)Preisen ansetzt. Hieraus resultieren aber absolute Kostennachteile auf Seiten der potenziellen Kunden, welche die Profitabilität eines Markteintritts senken.

Marktbeherrschende etablierte Unternehmen sind in vielerlei Hinsicht in der Lage, durch konkretes Verhalten oder auch nur durch Androhung eines ganz bestimmten Marktverhaltens neue Unternehmen vom Markteintritt abzuhalten oder sie nach bereits erfolgtem Eintritt wieder zu verdrängen. Derartige Verhaltensweisen begründen strategische Markteintrittsbarrieren. So sind beispielsweise Preisunterbietungen („Limit-Preisstrategien") oder die Produktion von solch großen Mengen, dass der Marktpreis auf das Niveau der Stückkosten des Konkurrenten sinkt („Limit-Mengenstrategie"), Instrumente, mit deren Hilfe sich eine Monopolstellung sichern oder wiederherstellen lässt. So ist die Entscheidung der deutschen Regulierungsbehörde Anfang 1999 zu erklären, die der DTAG untersagte, eine Preissenkung im Bereich der Ortsgespräche vorzunehmen. Die DTAG hatte beantragt, vom 1. April 1999 an Ortsgespräche zwischen 21:00 und 6:00 Uhr zu einem Minutentakt in Höhe von drei Pfennigen abrechnen zu können. Die Regulierungsbehörde stufte den Versuch, den geplanten Ortstarif zu realisieren, als eine Limit-Preisstrategie ein. Der Minutenpreis von drei Pfennigen für Ortsgespräche nach 21:00 Uhr hätte nach Auffassung der Regulierungsbehörde unter den Selbstkosten der DTAG gelegen. Daher sahen die Regulierer in der angekündigten Preissenkung eine Dumpingaktion, die als strategische Barriere gegen die Wettbewerber gerichtet war.

In diesem Zusammenhang sei auf einen weiteren Aspekt verwiesen, der ebenfalls eine Gefahr für den Wettbewerb auf

Öffnung einer Preis-Kosten-Schere auf Seiten der DTAG

den Telekommunikationsmärkten darstellt. Die DTAG hat ihre Preise senken müssen, was letztlich ein wesentliches Ziel der Liberalisierung war und den Konsumenten direkt zugute kommt. Diesen Preissenkungen stehen jedoch keine Kostensenkungen in gleichem Umfang gegenüber. Es tut sich eine „Preis-Kosten-Schere“ auf, welche die DTAG aufgrund ihrer Kapitalausstattung, die sie unter Monopolbedingungen aufbauen konnte, (noch) aushalten kann. Vor diesem Hintergrund macht die DTAG aus der Not eine Tugend. Wenn die Preise aufgrund des Wettbewerbs schon auf breiter Front sinken, dann lässt sich dieser Umstand strategisch instrumentalisieren: Die DTAG schraubt ihrerseits die Preisspirale weiter nach unten. Ein derartiges „Price Squeezing“ verfolgt letztlich einen einzigen Zweck, nämlich die Wettbewerber massiv unter Druck zu setzen. Konkreten Niederschlag hat diese Strategie in dem Versuch der DTAG gefunden, Kundentarife unter den von den Wettbewerbern zu zahlenden Zusammenschaltungsentgelten *(Interconnection-Gebühren)* zu fixieren. Derartige Zusammenschaltungs-Entgelte darf die DTAG von ihren Konkurrenten immer dann verlangen, wenn Gespräche durch ihr Netz geführt werden. Die Regulierungsbehörde sieht hierin allerdings eine Diskriminierung der neuen Anbieter und verweist darauf, dass die DTAG ihre Gebühren nur dann weiter senken kann, wenn sie parallel dazu auch die Zusammenschaltungs-Entgelte reduzieren wird. Ansonsten würde die DTAG gezielt von den Wettbewerbern hohe Preise, von ihren Endkunden dagegen niedrige Preise verlangen. Das Bestehen im Markt wäre für einen Großteil der Wettbewerber unter diesen Bedingungen mittel- bis langfristig kaum möglich. Sie würden aus dem Markt ausscheiden, die Strukturen des Marktes sich zunehmend oligopolisieren bzw. monopolisieren und spätestens dann würden die Preise wieder steigen, Qualität und Kundenorientierung dagegen abnehmen.

Preiswettbewerb findet noch keinen Niederschlag in den Marktstrukturen

Bei der Beurteilung von Preissenkungen, die grundsätzlich dem Verbraucher zugute kommen, ist somit Vorsicht geboten. Der Preiswettbewerb auf den Telekommunikationsmärkten funktioniert gut, strukturell ist er jedoch noch längst nicht gesichert. Das bedeutet, dass der Preiswettbewerb sich noch nicht in den Marktstrukturen widerspiegelt. Der ehemalige Monopolist DTAG ist immer noch sehr stark. Gerade kleinere, private Unternehmen haben es aufgrund strategisch gesetzter Markteintrittsbarrieren zunehmend schwerer, auf den Telekommunikationsmärkten Fuß zu fassen.

In Abb. 19 erfolgt eine abschließende Bewertung der Höhe der jeweiligen Markteintrittsbarrieren in Hinblick auf den Bereich Telekommunikationsnetze auf der einen und Telekommunikationsdienste auf der anderen Seite. Hierbei wird deutlich, dass innerhalb des Netzbereiches höhere Markteintrittsbarrieren als im Dienstebereich zum Tragen kommen.

	Übertragungswege		Dienste	
	Mobilfunk	Festnetz	Basisdienste	Mehrwertdienste
Ökonomische Markteintrittsbarrieren				
Skalenvorteile		xx		
Verbundvorteil		x		
Lerneffekte	x	x	x	xx
Sunk Costs	x	xx		
Zugangsgebühren	xx	xx		
Technische Markteintrittsbarrieren				
Rufnummernportabilität	x	xx		
Frequenz		xx		
Wegerecht		(x)x		
Sozialpolitische Markteintrittsbarrieren				
Universaldienste		x	xx	x
Subventionen	x	xx		

x Markteintrittsbarriere
xx hohe Markteintrittsbarriere

Abb. 19 Markteintrittsbarrieren im Telekommunikationsmarkt, vgl. Welfens/Graack 1996, S. 128

1.2.2.2
Faktische Barrieren im Markt der Kabelfernsehnetze

TV-Kabelnetze als zweite Netzinfrastruktur in Deutschland

Der deutsche Telekommunikationsmarkt weist eine ganze Reihe besonderer Charakteristika auf, die im Rahmen der Analyse des Markteintritts zu berücksichtigen sind. Mit den Kabelfernsehnetzen existiert in Deutschland eine zweite Netzinfrastruktur in den meisten Ortsnetzen, die durch eine hohe Dichte insbesondere in den Städten charakterisiert ist. Wie bereits an anderer Stelle aufgeführt, besitzen diese Kabelnetze zentrale Bedeutung für den neuen Wettbewerb auf den lokalen Telekommunikationsmärkten. Trotz der hierzulande realisierten hohen Kabelanschlussdichte ist die Struktur des Kabelfernsehmarktes in Deutschland zur Zeit jedoch nur mäßig geeignet, das anwendungsseitige sowie wettbewerbliche Nutzungspotenzial der Kabelnetze für das Multimedia-Zeitalter volkswirtschaftlich effizient zu erschließen.

Drei wesentliche Strukturmerkmale des Kabelfernsehmarktes stehen einem breitflächigen und nutzenbringenden Einsatz der Kabelnetze entgegen *(vgl. Neumann 1999, S. 80)*:

1. Die Aufsplitterung in die *Netzebene 3*, das lokale Verbindungsnetz, und in die *Netzebene 4*, welche das Hausanschlussnetz repräsentiert.
2. Die bis zum Jahre 2001 vorherrschende Stellung der DTAG, die über ein faktisches Monopol auf der *Netzebene 3* sowie über einen hohen Marktanteil auf *Netzebene 4* verfügt.
3. Die starke Zersplitterung der Netzstrukturen innerhalb der *Netzebene 4*, wo ca. 6.000 verschiedene Betreiber ihre mitunter sehr unterschiedlichen Ziele verfolgen.

Aufteilung in unterschiedliche Netzebenen als typisches Phänomen des deutschen TV-Kabelmarktes

Dabei ist vor allem die Trennung der Netzebenen ein weltweit einzigartiges Phänomen. Die Verfolgung einschlägiger Strategien der Kabelnetzbetreiber im Hinblick auf eine telekommunikative, interaktive Nutzung der Kabelnetze gestaltet sich bei einem Fortbestehen der getrennten Netzebenen als technisch wie betriebswirtschaftlich unmöglich. Dabei ist das interaktive Nutzungspotenzial bei integrierten Netzstrukturen und weiteren (sehr hohen) Investitionen in die Interaktivität und Multimedia-Tauglichkeit der Netze praktisch unbegrenzt. Allerdings werden sich Internet-Zugang, Video on Demand, Homebanking, Electronic Commerce, Intelligentes Wohnen sowie Telefonie erst dann sinnvoll realisieren lassen, nachdem eine grundlegende Neustrukturierung des Kabelmarktes erfolgt ist. Nicht zuletzt bezahlt gerade auch die DTAG bis heute einen hohen ökonomischen Preis für diese unwirtschaftliche Kabelstruktur. Obwohl sie bereits seit über 15 Jahren im Kabelgeschäft tätig ist, erwirtschaftete sie nachhaltig hohe Verluste, die sich allein im Jahre 1997 auf mehr als 1 Milliarde Mark, bei einem Umsatz von 3 Milliarden Mark, beliefen *(vgl. Neumann 1999, S. 80)*. Im Gegensatz hierzu sind privatwirtschaftlich organisierte Unternehmen gezwungen, zumindest mittelfristig effizient zu wirtschaften und Gewinne zu erzielen.

Welche Regel- und Strategieänderungen sind vor diesem Hintergrund notwendig, um die im verborgenen schlummernden Potenziale der Kabelnetze für die deutsche Volkswirtschaft bergen zu können?

Regionalisierung des DTAG-TV-Kabelnetzes

Es gibt zwei grundsätzliche Voraussetzungen, die eine effiziente Nutzung der Kabelnetze garantieren werden: die aktuell vollzogene Regionalisierung der Kabelnetze sowie die Überwindung der Trennung der Netzebenen 3 und 4. Die DTAG hat die Ausgliederung bzw. Regionalisierung ihres TV-Kabelnetzes im Laufe des Jahres 2001 zu Ende geführt, was sie auch keine allzu große Überwindung gekostet haben dürfte, da sie keine strategischen Interessen mehr an der Nutzung der Kabelnetze besaß.

Gründe für den notwendigen Verkauf des DTAG-TV-Kabelnetzes

Von Seiten der EU-Kommission wurde die Begründung für den Verkauf des DTAG-Kabelnetzes bereits skizziert: Die DTAG als marktbeherrschender Telefon-Netzbetreiber sollte nicht gleichzeitig auch noch Besitzer und Träger der potenziell konkurrierenden Netzinfrastruktur, der Fernsehkabelnetze, sein. Im Sinne einer effizienten Ressourcenallokation müssen die Kabelnetze in den Besitz von solchen Anbietern gelangen, die den – im Vergleich zur DTAG – größeren volkswirtschaftlichen Nutzen realisieren können *(vgl. Neumann 1999, S. 80f.)*.

1.2.3
Herkunft und Ziele ausgewählter neuer Wettbewerber

Prinzipiell, so haben wir gesehen, lässt sich Wettbewerb auf Telekommunikationsmärkten relativ einfach über den Markteintritt neuer Anbieter realisieren. Mit Ausnahme der Vereinigten Staaten, wo es 1982 zu einer Zerschlagung des AT&T-Konzerns gekommen war, hat es bisher jedoch noch keine andere OECD-Regierung gewagt, den alteingesessenen Telekommunikationsbetreiber konsequent aufzusplitten. So war es nicht sonderlich überraschend, dass die DTAG im Rahmen des Verkaufs ihres TV-Kabelnetzes immer wieder auf Verzögerung und Verschleierung setzte. Der Altmonopolist DTAG besitzt immer noch eine nicht zu unterschätzende Dominanz im Hinblick auf seine Fähigkeit, eigene Ziele wettbewerbsschädigend durchzusetzen.

Branchenspezifische Herkunft neuer Wettbewerber auf dem TV-Kabelmarkt

Dabei existieren für den gesamten Telekommunikationsmarkt zahlreiche neue Wettbewerber, die zum Markteintritt bereit sind. Ihre branchenspezifische Herkunft lässt sich aus Abb. 20 entnehmen *(vgl. Gries 1998, S. 61)*.

Welche grundsätzlichen Voraussetzungen müssen die neuen Anbieter erfüllen, um erfolgreich in die Telekommunikationsmärkte eintreten und dort auch nachhaltig bestehen zu können *(vgl. hierzu Welfens 1999, S. 23 ff.)*?

- Sie benötigen einen bereits bestehenden Kundenstamm, um erforderliche Netzeffekte schneller und besser realisieren zu können.
- Sie benötigen einen Zugang zu den Kapitalmärkten, um die erforderlichen Erneuerungs- bzw. Erweiterungsinvestitionen durchführen zu können. Mit dem „Neuen Markt" ist in Deutschland gerade für kleinere, private Unternehmen diese Möglichkeit geschaffen worden.
- Sie benötigen entsprechende Marktkenntnisse sowie ein einschlägiges technisches Wissen.
- Sie benötigen entsprechend hoch qualifizierte Mitarbeiter.
- Sie benötigen entsprechende Wegerechte.

Abbildung 21 macht die grundlegenden Voraussetzungen für den Eintritt in sowie das längerfristige Bestehen auf Telekommunikationsmärkten nochmals deutlich *(vgl. Welfens 1999, S. 24)*[8].

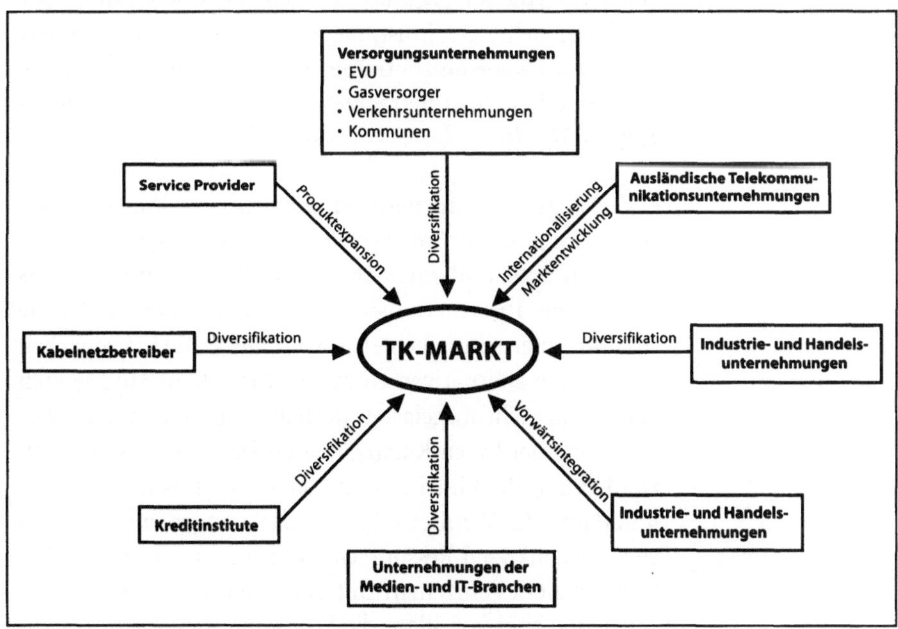

Abb. 20 Herkunft neuer Wettbewerber auf dem Telekommunikationsmarkt

[8] In Abschnitt 1.3 (Teil B) wird auf die erforderlichen unternehmensinternen Ressourcen und Kompetenzen näher eingegangen.

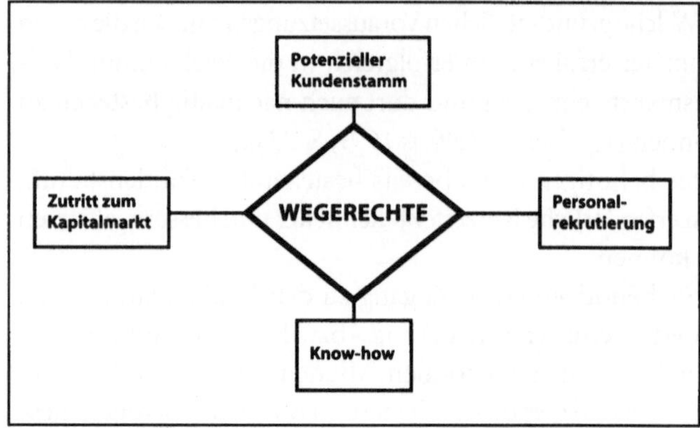

Abb. 21 Grundlegende Voraussetzung für den Eintritt in Telekommunikationsmärkte

Mit der vollständigen Liberalisierung des deutschen Telekommunikationsmarktes versuchen viele, auf diesem Markt Fuß zu fassen. Im Hinblick auf ihre Branchenherkunft lassen sich die potenziellen bzw. realen Wettbewerber grob in die in Abb. 20 dargestellten, acht Kategorien unterteilen. Im Folgenden werden die Versorgungsunternehmen, Unternehmen der Medienbranche, Kreditinstitute, Service Provider sowie (internationalen) Kabelnetzbetreiber in ihrer Funktion als neue Wettbewerber näher betrachtet *(vgl. hierzu ausführlich Gries 1998, S. 61–70)*.

- **Versorgungsunternehmen** Elektrizitäts-, Wasser-, Gasversorgungsunternehmen sowie öffentliche Verkehrsbetriebe verfügen aufgrund ihres staatlichen Versorgungsauftrags über eigene Informationsinfrastrukturen, über welche die gesamte unternehmensinterne Kommunikation abgewickelt wird. Diese alternativen Infrastruktursysteme sind jedoch bei weitem nicht ausgelastet, weshalb eine zunehmende Vermarktung der freien Kapazitäten an Dritte festzustellen ist. Der Umfang des Eintritts in die Telekommunikationsmärkte und damit das Wettbewerbspotenzial hängen entscheidend von der konkreten Ressourcenausstattung sowie der Risikobereitschaft des einzelnen Unternehmens ab. Grundsätzlich versuchen aber vor allem die Versorgungsunternehmen aus der Energiewirtschaft eine bedeutende Rolle auf den liberalisierten Telekommunikationsmärkten zu spielen. Eine exponierte Stellung aufgrund ihrer Größe und ihrer Beteiligungen an den Regionalmonopolen nehmen hierbei die drei großen Energieversorgungsunternehmen (EVU) Veba, RWE sowie der Mischkonzern VIAG[9] mit seinem Tochterunternehmen Bayernwerk ein. Aus einer wettbewerbspolitischen Perspektive muss das Engagement der EVU im deutschen Telekommunikationsmarkt sehr kritisch betrachtet werden. Dies ist damit zu begründen, dass die EVUs in ihren Stammärkten über Monopolstellungen verfügen, die sich zum Transfer von Ressourcen in die neuen Märkte instrumentalisieren lassen. Derartige Quersubventionierungen würden sämtliche in den vergangenen Jahren unternommenen Liberalisierungsbemühungen konterkarieren. Zudem muss in dem starken Engagement der sich weitgehend in öffentlichem Mehrheitsbesitz befindlichen EVUs eine drohende Gefahr der „Rückverstaatlichung" der Telekommunikationsmärkte gesehen werden.

Bei den öffentlichen Verkehrsbetrieben spielt die Deutsche Bahn AG mit ihrem 40.000 km langen, größten privaten Festnetz eine zentrale Rolle als Anbieter von Telekommunikationsleistungen. Seit 1997 treten die Deutsche Bahn und Mannesmann gemeinsam mit der Tochtergesellschaft Arcor als Wettbewerber auf dem Telekommunikationsmarkt auf. Im regionalen und lokalen Bereich sind es kleinere öffentliche Verkehrsunternehmen, die über die Gründung von Gemeinschaftsunternehmen den Markteintritt realisieren. Hinter diesen sog. City-Carriers stehen die Kommunen, die aufgrund vorhandener Kommunikationsinfrastrukturen, wie z.B. Leerrohrsysteme und Kabelkanäle, den Einstieg in den Telekommunikationsmarkt vollziehen. Dieser Umstand bringt jedoch eine Reihe von ordnungs- und wettbewerbspolitischen Problemen mit sich.

Das absichtsgeleitete Zusammenspiel der sich mehrheitlich in kommunaler Hand befindlichen City-Carriers mit den kommunalen Wohnungsbaugesellschaften führt explizit wie implizit zur Ausschaltung von tatsächlichem und potenziellem Wettbewerb. Diese Entwicklung verläuft allerdings weitgehend im Verborgenen, weshalb weder Öffentlichkeit noch Politik die drastischen Konsequenzen, die sich aus diesem Zusammenspiel kommunaler Träger ergeben können, bisher erkannt zu haben scheinen.

In vielen Städten bzw. Kommunen ist zu beobachten, dass kommunale City-Carriers und kommunale Wohnungsbauge-

[9] Die geplante Fusion von VEBA und VIAG wird dem so entstandenen Konzern noch mehr Gewicht geben.

sellschaften die Betreibung von Kabelnetzen selbst übernehmen. Sowohl City-Carrier als auch Wohnungsbaugesellschaft sind dabei entweder zu hundert Prozent oder aber zu großen Mehrheitsanteilen durch die Kommunen dominiert. Kann sich diese Entwicklung durchsetzen, so sind schwere Ineffizienzen aus zweierlei Gründen zu erwarten:

1. Das Zusammenspiel von Wohnungsbaugesellschaften und City-Carrier führt zu Wettbewerbsverzerrungen und neuen Monopolen im Telekommunikationssektor. Dies wird am Beispiel der Stadt Nürnberg deutlich, wo mit Hilfe gegenseitiger Kooperationsverträge Wohnungswirtschaft und City-Carrier potenzielle Wettbewerber auf Distanz halten, und dies ist keine Ausnahme. In vielen Fällen verfügen Wohnungsbaugesellschaften über sehr große Marktanteile innerhalb einer Kommune. Diese exponierte Stellung führt immer dann zu marktbeherrschenden Strukturen, wenn beispielsweise aufgrund personeller Verflechtungen Wohnungsbestände der kommunalen Wohnungsbaugesellschaften den kommunalen Versorgungsunternehmen zugespielt werden. Die Wohnungswirtschaft fungiert als eine Art „Torwächter", der allein (und potenziell willkürlich) darüber entscheidet, wer Dienste in seinen Immobilien anbietet. Ist letzteres auch Gegenstand der auf Eigentumsrechten basierenden Entscheidungsfreiheit eines jeden Wirtschaftssubjektes, so verliert dieses Argument im konkreten Fall seine Gültigkeit dadurch, dass kein gleichberechtigter, freier Marktzugang für andere potenzielle Anbieter besteht.

Dieser Umstand erfährt seine Verschärfung dadurch, dass eher nach Kriterien des parteipolitischen Proporzes und der Günstlingswirtschaft als nach betriebswirtschaftlichen und kundenorientierten (Effizienz-)Aspekten einem Betreiber der Zuschlag gewährt wird. Daraus resultieren reale und mitunter unüberwindbare Markteintrittsbarrieren für private Unternehmen und deren Produkte. Für die Wohnungswirtschaft und „ihre" kommunalen City-Carrier eröffnen sich Potenziale von Marktmacht, die sich in der Möglichkeit konkretisiert, als einziger Akteur Marktpreis und technologische Ausstattung zu bestimmen. Die daraus folgende monopolistische Position gipfelt in der Konsequenz, dass den Konsumenten keine effektive Auswahl zwischen verschiedenen Anbietern zur Verfügung steht und damit die Anbieter (Wohnungswirtschaft und City-Carrier) keinen Zwang mehr verspüren, effizient und innovativ zu produzieren.

2. Eine zweite Gefahr, die aus den Rückverstaatlichungsbemühungen der City-Carriers resultiert, muss in den bürokratischen Strukturen der Institutionen des öffentlichen Sektors gesehen werden. So ist es nicht nur die monopolistische Stellung, die zu Ineffizienzen bei Produkten, deren technologischen Eigenschaften und den geforderten Preisen führt. Auch Kultur und Binnenorganisation staatlicher Unternehmen wirken auf Innovationsverhalten, Kundenorientierung und Kostenbewusstsein nur wenig stimulierend. Eine Modernisierungslücke bei Führungssystemen und -instrumenten sowie eine anreizbedingte Leistungslücke bei Aufgaben- und Entscheidungsträgern in der öffentlichen Verwaltung begründen damit zusätzliche Effizienzprobleme.

- **Unternehmen der Medien- und Informationstechnologie-(IT-)Branche** Aufgrund sinkender Gewinnmargen in ihren angestammten Geschäftsfeldern stellt der Eintritt in den Telekommunikationsmarkt für viele Unternehmen der Medien- und IT-Branche eine erfolgversprechende Diversifikationsstrategie dar. Nicht zuletzt aufgrund der starken Konvergenz innerhalb der Informations- und Kommunikationsbranche erscheint ein Markteintritt dieser Unternehmen strategisch sinnvoll. So eröffnet der Eintritt in den Telekommunikationsmarkt den Medienunternehmen die Möglichkeit, die Kontrolle über die Absatzmärkte ihrer Stammprodukte zu optimieren.

Die Strategie von Bertelsmann verdeutlicht diese Zusammenhänge. Neben den Stammbereichen Buchdruck, Buchclubs, Musik-, Zeitschriften-, Zeitungs- und Fernsehgeschäft engagiert sich der Konzern im Multimedia-Bereich. Dabei setzt Bertelsmann massiv auf das Internet, das als Bindeglied und Schrittmacher für die bisherigen Geschäftsbereiche dienen soll. Mit Beteiligungen an AOL Europa, dem Online-Buchladen BOL.de sowie einem Anteil am Internetsuchdienst Lycos.de werden neue Geschäftsfelder und Absatzwege erschlossen. Selbst wenn man berücksichtigt, dass die Absatzkanäle des Internet die angestammten Geschäftsbereiche gefährden, hat die Strategie von Bertelsmann in der heutigen Zeit ihre Richtigkeit. Denn eine zentrale Strategieempfehlung innerhalb der Internet-Ökonomie lautet: *„Kannibalisiere Dich selbst, bevor es jemand anders tut!" (Zerdick et al. 1999, S. 16)*.

- **Kreditinstitute** Gemeinsam mit Partnern haben sich in den vergangenen Jahren zahlreiche Banken und Sparkassen in vielfältiger Weise im Mobilfunk- und Festnetzbereich engagiert. Dies mag auf den ersten Blick überraschen, da Banken und Sparkassen in der Telekommunikation keine Kernkompetenz besitzen. Vielmehr betrachten Kreditinstitute den Einstieg in den Telekommunikationsbereich als eine gewinnversprechende Angelegenheit, was sich im massiven Kaufinteresse der Deutschen Bank am TV-Kabel der DTAG zeigte.

  Ob der (Um-)Weg über die Banken für die Erschließung und Expansion der Multimedia-Märkte in Deutschland von Vorteil sein kann, muss jedoch bezweifelt werden. Letztlich ist es allein vorteilhaft, auf viel Kapital zurückgreifen zu können, das es den Banken gestattet, auf diesen Märkten mitspielen zu können. Grundsätzlich verfügen die Kreditinstitute aber weder über das einschlägige technische Wissen noch über die notwendigen detaillierten Marktkenntnisse, die zum Bestehen auf Telekommunikationsmärkten vorausgestetzt werden. Darüber hinaus können sich mit dem Engagement von Kreditinstituten ebenfalls ordnungspolitische Probleme ergeben. Zahlreiche Sparkassen sind als Gesellschafter von City-Carriers tätig, wobei ihr Engagement durch den öffentlichen Sparkassenauftrag im Rahmen der regionalpolitischen Instrumentalfunktion legitimiert wird. Diese Instrumentalfunktion steht für die Absicht, mit den Aktivitäten der Sparkassen auf den Telekommunikationsmärkten zum einen dem Gemeinwohl, zum anderen der langfristigen Ertragssituation zu dienen. Hieraus können Probleme der personellen Verflechtungen im öffentlichen Bereich resultieren, welche die Kontrollfunktion der Kapitalgeber, zumindest zeitweise, untergräbt.

  Das engagierte Bemühen der Deutschen Bank, über ihre Tochter – die DB Investor – das Kabelnetz der DTAG kaufen zu können, machte in vielerlei Hinsicht die ordnungspolitische und gesamtwirtschaftliche Problematik eines Engagements der Banken in diesem Sektor deutlich. Nachdem die DB Investor beim Verkauf der Telekom-Breitbandkabelnetze nicht zum Zug kam, will sie sich nun auch konsequenterweise von ihren Assets bei TeleColumbus trennen.

- **Service Provider** Service Provider sind Telekommunikations-Dienstehändler, die Leistungsangebote von Systembetreibern auf eigene Rechnung an Endkunden vermarkten, ohne selbst komplette eigene Telekommunikationsnetze oder auch nur relevante Netzkomponenten zu besitzen und zu betreiben *(vgl. Gerpott 1998, S. 13).*

In jüngster Zeit ist zu bemerken, dass die Servicebetreiber, die zuvor lediglich als Diensteanbieter im Mobilfunkmarkt tätig waren, ihr Engagement auch auf den Festnetzbereich ausdehnen. In der Regel betreiben sie nach wie vor keine eigenen Netze, sondern bieten sich als Vertriebspartner sowohl der neuen Wettbewerber als auch der DTAG an. Dabei mieten sie bei in- und ausländischen Telekommunikationsgesellschaften Leitungskapazitäten zu günstigen Preisen mit bis zu 20% Rabatt an, um diese Kapazitäten an die Endkunden zu vermarkten. Als netzunabhängige Telefongesellschaften engagieren sich bereits Mobilfunkanbieter wie MOBILCOM, TALKLINE und DEBITEL im Festnetzbereich. Gerade flexible und innovative Unternehmen wie die MOBILCOM bieten in ihrer Funktion als Service Provider zusätzlich intelligente Telekommunikationslösungen und neue Dienstleistungen zur Erhöhung des Kundennutzens sowie zur Verbesserung des Bedienungskomforts an. Somit lassen sich diese Service Provider, wenn auch unter Einschränkungen, als weitere Wettbewerber im Netzbetreibermarkt identifizieren.

- **(Internationale) Kabelnetzbetreiber** Für zahlreiche Kabelnetzbetreiber, die bislang im Kabelfernsehsektor in Konkurrenz zur DTAG tätig waren, eröffnet sich die Möglichkeit, das Kabel zum Angebot von Multimediadiensten sowie zur Sprachtelefonie zu nutzen. Dabei ist es insbesondere der Privatkundenmarkt, der für die Kabelnetzbetreiber lukrativ erscheint. Gerade der Eintritt privater, leistungsstarker (internationaler) Kabelnetzbetreiber in die Ortsnetze der Telekommunikation brachten und bringen beträchtliche Wettbewerbsimpulse für diese Teilmärkte der Telekommunikation.

In den USA und in Großbritannien hat sich gezeigt, dass Wettbewerb auch in solchen Bereichen der Ortsnetze möglich geworden ist, in denen dies vorher undenkbar erschien. Eine bedeutende Rolle bei der Wettbewerbsintensivierung im Ortsnetzbereich spielen in diesen Ländern gerade die privaten Kabelnetzbetreiber, die über Zugänge zu fast allen Privathaushalten verfügen.

Die privaten (internationalen) Netzbetreiber haben eine meist langjährige Erfahrung sowie hoch qualifizierte und geeignete (Human-)Ressourcen, um die TV-Kabelnetze zukunftsorientiert zu gestalten und zu betreiben. Hierfür sind sie bereit, Investitionen in Milliardenhöhe zu tätigen, um den erforderlichen Ausbau ihrer Netze sowie des DTAG-Netzes in Hinblick auf deren Multimedia- und Rückkanalfähigkeit voranzutreiben. Mit dem geplanten Erwerb von Teilen des DTAG-TV-Kabelnetzes werden diese Kabelnetzbetreiber eine zunehmend bedeutendere Rolle für den Wettbewerb spielen.

Problem für alle neuen Wettbewerber: Hoher Marktanteil der DTAG im deutschen Telekommunikationsmarkt

Als problematisch für alle neuen Wettbewerber gestaltet sich jedoch der grundsätzlich hohe Marktanteil der DTAG im Telekommunikationsmarkt. Insbesondere ist festzustellen, dass die Ausgangsposition der neuen Anbieter im Festnetzmarkt in mehrfacher Hinsicht nicht vergleichbar ist mit den Ausgangsbedingungen im Mobilfunkmarkt beim Start der digitalen Mobilfunknetze D1 und D2. Im Unterschied zum Mobilfunkmarkt weist der Festnetzmarkt bereits eine hohe Sättigung auf und ist stark durch die jahrzehntelange Monopolstellung der DTAG geprägt. Die Wiederholung der erfolgreichen Entwicklung von D2 im Mobilfunkbereich, wo es gelang, den etablierten Anbieter D1 hinsichtlich der Kundenzahl zu überflügeln, wird im Bereich des Festnetzes so nicht möglich sein *(vgl. Gries 1998, S. 70)*.

1.2.4
Die Bedeutung von Ersatzprodukten

Auf der Grundlage einer eigenen Infrastruktur bieten Netzbetreiber Sprach- und Datendienste flächendeckend an. Dabei lassen sich festnetzgestützte Telekommunikationsdienste durch Dienstleistungen innerhalb und außerhalb der Telekommunikationsbranche ersetzen. Der Umfang einer derartigen Substitution hängt davon ab, inwieweit die Ersatzdienstleistung auf der Grundlage einer anderen Technologie die gleichen oder zusätzliche technische Funktionen im Vergleich zu der zu substituierenden Dienstleistung erbringen kann *(„technisches Substitut")*. Des Weiteren nehmen die relativen Preise der jeweiligen Ersatzdienstleistung Einfluss auf den Grad der Substitutionsbeziehung. In diesem Fall spricht man von einem *„ökonomischen Substitut" (vgl. Griese 1998, S. 70–71)*.

Technische und ökonomische Substitute

Innerhalb der Telekommunikationsbranche lassen sich festnetzgestützte Dienstleistungen durch die Übertragung von Sprache, Bildern und Daten über andere Netze substituieren.

TV-Kabelnetze als Substitute für Festnetze

Eine derartige Möglichkeit zur Substitution des Festnetzes stellen die TV-Kabelnetze zur Verfügung. Von zentraler Bedeutung in diesem Zusammenhang ist jedoch, dass die Kabelfernsehnetze für eine interaktive Kommunikation (z.B. die Sprachkommunikation, Telefonie) entsprechend technisch aufgerüstet sind. Gerade im Bereich der Kabel-TV-Netze zeigt sich das immense Potenzial, solche Dienste, die bisher über unterschiedliche Netze angeboten und vertrieben wurden, über ein einheitliches Netzwerk dem Kunden zur Verfügung zu stellen. Mit Hilfe der Kabelfernsehnetze wird es möglich, den zentralen Megatrend in der Telekommunikationsindustrie, das Internet, einer breiten Öffentlichkeit zugänglich zu machen. Das Internet, so zeichnet es sich heute ab, wird zur Universalplattform für sämtliche Multimediaanwendungen. Die intensiv geführte Diskussion über die zukünftigen Möglichkeiten der Internet-Telefonie, ist dabei nur die Spitze des (technologischen) Eisbergs. Mit dem Internet steht der Menschheit *die* Kommunikationsplattform für das neue Jahrtausend zur Verfügung.

TV-Kabelnetze als Infrastruktur für Internetdienste

Durch das Internet wird es zukünftig zu einer völligen Neugestaltung der Wertschöpfungsketten, der technologischen Basis von Kommunikationsdiensten sowie Anwendungen kommen. Es wird den Kern einer Infrastruktur-, Technologie- und Serviceplattform für die Multimediawelt von morgen bilden und damit das leitungsvermittelte Telefonnetz, über welches jahrzehntelang die Sprachkommunikation vermittelt wurde, ersetzen.

Zugang zum Internet über den heimischen Fernseher

Der Zugang des einzelnen Haushalts zum World Wide Web (Internet) lässt sich deutlich vereinfachen, wenn der Konsument anstatt des Computers auf den bereits vorhandenen Fernseher zurückgreifen kann *(vgl. Knetsch 1999, S. 23 ff.)*. Diese Entwicklung wird unterstützt durch das Zusammenwachsen von Fernsehgeräten und PCs. So sind im Computer bereits Funktionen des Fernsehers integriert, auf der anderen Seite bieten Fernseher zunehmend auch Funktionen von Computern sowie den wichtigen Internetzugang an. Welches Endgerät sich in der Zukunft erfolgreich durchsetzen wird, erscheint bislang umstritten *(vgl. Gries 1998, S. 90)*. Mit dem Ausbau der TV-Kabel bzw. deren technologischer Aufrüstung erscheint die Substitution des Computers durch den Fernseher als die realistischere, kostengünstigere und damit in jeder Hinsicht verbraucherfreundliche Alternative.

1.3 Ressourcen und Kompetenzen im Telekommunikationsmarkt

Ressourcen und Kompetenzen zum Bestehen auf Multimediamärkten

Um auf einem wettbewerblich organisierten Telekommunikationsmarkt bestehen zu können, müssen die Unternehmen über spezifischen Ressourcen und Kompetenzen verfügen. Zur Identifikation der einschlägigen Voraussetzungen bieten sich zweierlei Möglichkeiten an:

Zum einen lassen sich aus den im Rahmen einer Umweltanalyse identifizierten Markteintrittsbarrieren diejenigen Ressourcen und Kompetenzen ableiten, welche die entscheidende Voraussetzung für den Eintritt in den Telekommunikationsmarkt ausmachen. Zum anderen bieten jene Entscheidungskriterien, die im Rahmen der Vergabe von Lizenzen zum Betreiben von Übertragungswegen herangezogen werden, einen Referenzpunkt für die Identifikation der notwendigen Ressourcen im Telekommunikationsbereich. In diesem Falle sind es insbesondere Fachkunde bzw. Markt- und Technologiekenntnisse, Leistungsfähigkeit, Zuverlässigkeit und Referenzen, die als relevante Kriterien herangezogen werden *(vgl. Gries 1998, S. 95)*.

In Tabelle 2 wird ein Überblick über die auf den Telekommunikationsmärkten relevanten Ressourcen gegeben *(vgl. Gries 1998, S. 96)*.

Wichtigste physische Ressource: Die Netzinfrastruktur

Die mit Abstand wichtigste physische Ressource zur Erzielung von Wettbewerbsvorteilen auf Telekommunikationsmärkten stellt die Netzinfrastruktur dar. Sie ist die Basis für das Angebot sämtlicher festnetzgestützter Telekommunikations-Dienstleistungen. Der Umfang sowie die technologische Ausstattung dieses Netzes nehmen zentralen Einfluss auf die Möglichkeiten der Wettbewerber, im Telekommunikationsmarkt erfolgreich bestehen zu können. Verfügt ein Unternehmen über eine eigene Netzinfrastruktur, so ist es weitgehend unabhängig von den Netzen bzw. Mietpreisen der DTAG sowie anderer Netzbetreiber. Der Besitz der Ressource „eigene Netzinfrastruktur" ist damit eine wesentliche Voraussetzung für funktionsfähigen Wettbewerb im Telekommunikationsmarkt.

Wichtige Ressource: Endkundenzugang

Wichtig ist darauf hinzuweisen, dass diese Netze über einen direkten Zugang zum Endkunden verfügen müssen. Zunehmend kristallisiert sich heraus, dass der direkte Endkundenzugang *(Last Mile)* ein wichtiger Schlüssel zum Erfolg in der

Telekommunikationsbranche ist. Gerade aber diese „letzte Meile" stellt einen „wettbewerbspolitischen Flaschenhals" in Deutschland dar. Der überwiegende Teil der direkten Endkundenzugänge befindet sich noch im Besitz der DTAG, die ihr hierauf aufbauendes Macht- bzw. Kontrollpotenzial wettbewerbshemmend instrumentalisieren kann.

Tabelle 2 Ressourcen im Telekommunikationsmarkt

Physische Ressourcen	• Telekommunikations-Netze • Marketing- und Vertriebsstruktur • Grundstücke und Gebäude • Standort • Wegerecht
Finanzielle Ressourcen *Interne Fonds*	• Cash-flow • Freie Liquidität • Eigenkapital • Aktienkapital
Externe Fonds	• Fremdkapital • Risikokapital
Intangible Ressourcen *Kompetenzen*	• Technisches Wissen • Marketingfähigkeit • Erfahrung im Management von Großprojekten • Kooperationskompetenz • Behördenkontakte
Vermögen	• Lizenzen • Marke • Firmenruf • Kundenstamm • Größe/Marktanteil • Patente • Verträge (z.B. Liefer-/Kooperationsverträge)
Organisatorische Ressourcen	• Unternehmenskultur • Managementinstrumente • Abrechnungssysteme (Billing) • Konzentration auf Kernbereiche • Nationale und internationale Anbindung

Gerade die „neuen" Netzbetreiber befinden sich in einem Dilemma. Zum einen entfallen rund 70 Prozent der gesamten Kosten eines Netzes auf den teilnehmernahen Bereich. Der Zugang zu den Endkunden erfordert zum anderen aber auch Investitionen in Milliardenhöhe, welche das eingesetzte Kapital über Jahre hinaus fest binden. Vor diesem Hintergrund wird abermals die Bedeutung der privaten TV-Kabelnetzbetreiber deutlich.

Sie haben den erforderlichen Zugang zum Endkunden (Netzebene 4) und besitzen damit eine zentrale Ressource für die Erschließung eines wettbewerblich organisierten Telekommunikations- bzw. Multimedia-Marktes. Anstatt fremde, und meistens unwirtschaftliche und leistungsschwache Netze nutzen zu müssen, beispielsweise in Form von Mietleitungen (d.h. in Form einer Anmietung der Netzstrecke von einem City-Carrier) oder über den entbündelten Teilnehmerzugang der DTAG, eröffnet das private TV-Kabelnetz die Möglichkeit eines direkten, kostengünstigen und technologisch innovativen Endkundenzugangs. Das Kabel-TV-Netz ermöglicht hohe Übertragungsraten bei einer bereits heute ausreichenden Flächendeckung *(vgl. Henning 1999, S. 33 FAZ)*.

Weitere wichtige physische Ressourcen

Weitere wichtige physische Ressourcen sind entsprechend effizient gestaltete Marketing- und Vertriebsstrukturen, welche den Endkundenzugang sowie die Vermarktung der Dienste und Leistungen gewährleisten. Während im Bereich des Mobilfunkmarktes auch Grundstücke und Gebäude für die Installation von Antennen eine zentrale Rolle spielen, haben diese Ressourcen für den Festnetzbereich weniger Bedeutung. Von weitaus größerer Relevanz für Festnetzbetreiber sind hingegen die Wegerechte, welche die Voraussetzung für die Verlegung eigener Kabelnetze schaffen *(vgl. Gries 1998, S. 97)*.

Aufgrund der immens hohen Investitionen, die im Rahmen des Aufbaus bzw. der Modernisierung von (TV-Kabel-) Netzen sowie zur Entwicklung innovativer Leistungen und Dienste getätigt werden müssen, sollten die Netzbetreiber ebenfalls mit ausreichenden Finanzmitteln ausgestattet sein. Dabei können finanzielle Ressourcen in Form von Cash-Flows, Risikokapital, Aktienkapital sowie Fremdkapital vorliegen. Die Möglichkeit, sich diese Finanzierungsquellen erschließen zu können, kann gerade beim Aufbau eigener Netze bzw. der Modernisierung technologisch überalterter Netze ein nicht unerhebliches Problem für kleinere und mittlere Unternehmen darstellen. Wegen ihrer häufig üppigen Kapitalausstattung drängen auch sehr viele große Unternehmen (Konzerne) mit hohen Cash Flows und/oder problemlosen Kapitalmarktzugangsmöglichkeiten auf die Telekommunikationsmärkte.

Dagegen verfügen mittelständische Unternehmen oftmals nicht über die erforderlichen Eigenfinanzierungspotenziale, die für den Eintritt in den Markt der (Kabel-)Netze dringend notwendig sind. Zwei Möglichkeiten, diesem Dilemma zu entfliehen, sind in der Beschaffung von Beteiligungskapital sowie im Gang an die Börse zu sehen. So sind sämtliche ehemaligen Telekommunikations-Monopolisten, wie die DTAG, British Telecom, Telefonica und AT&T, an den Börsen dieser Welt notiert. In jüngster Zeit bietet der „Neue Markt" nun auch mittelständischen Unternehmen die Möglichkeit, sich den Finanzierungsweg „Aktie" zu erschließen *(vgl. Gries 1998, S. 98)*.

Neue Finanzierungsstrategien für den Mittelstand

In diesem Zusammenhang wird deutlich, dass der auf modernen Telekommunikationsmärkten tätige Mittelstand konsequent versuchen muss, seine „konservative Finanzierungspolitik" in Form der Aufnahme von Bankkrediten hinter sich zu lassen. Er hat zu solchen Finanzierungsstrategien überzugehen, welche die Entwicklung und Verbreitung von Innovationen konsequent belohnen. Der „Neue Markt" steht für eine Finanzierungsquelle, bei der die strengen, aber effizienten Regeln freier Kapitalmärkte zur Anwendung kommen. Freie Kapitalmärkte fördern den Wettbewerb der Unternehmen untereinander dadurch, dass sie auf der einen Seite erfolgreiche Investitionen in Innovationen belohnen, auf der anderen Seite aber Stagnation bei Technologie und Management bestrafen. Die Aktionäre fordern klare, langfristige Strategien, umfassende Informationsverfügbarkeiten sowie ein Management, das an einem Strang in die richtige Richtung zieht.

Der Zugang zu Kapitalmärkten wird für private (mittelständische) Unternehmen zunehmend wichtiger. Die Herausforderungen der digitalen Wirtschaft lassen sich nicht mehr mit Hilfe risikoscheuer Hausbanken oder den bescheidenen Gewinnen aus traditionellen Geschäftsfeldern bewältigen. Das Bestehen auf den digitalen Märkten setzt die Fähigkeit voraus, permanent in Innovationen investieren zu können. Daher bedarf es entsprechender Kapitalgeber, welche gleichsam risikofreudig und zukunftsorientiert sind. Der „Neue Markt" steht, trotz aller schweren Rückschläge in jüngster Zeit, für jenen (virtuellen) Ort, an dem sich risikofreudige Anleger und innovationsorientierte Investoren treffen, um sich die Wertschöpfungspotenziale der digitalen Wirtschaft zu erschließen.

Intangible Ressourcen als Wettbewerbsvorteile

Für den Aufbau von Wettbewerbsvorteilen auf den Telekommunikationsmärkten stellen darüber hinaus auch intangible Ressourcen eine wichtige Voraussetzung dar. Zu den intangiblen Ressourcen des Telekommunikationsbereiches zählen

- Vermögenswerte und marktspezifische Kenntnisse sowie
- Erfahrungen und Fähigkeiten zum Betrieb von Übertragungswegen und
- das Wissen um die richtige Gestaltung des Angebots von Telekommunikationsdiensten bzw. -leistungen,

welche nicht am Markt gehandelt werden oder aber sich nicht ohne weiteres imitieren lassen.

Dabei fällt im Telekommunikationssektor dem technischen Know-how sowie dem Marketing eine Schlüsselrolle zu. Das technische Know-how steht für das einschlägige Erfahrungswissen sowohl im Aufbau als auch im Betrieb von innovativen Telekommunikationsnetzen sowie für eine ausgeprägte Stärke zur Schaffung von Innovationen. Hier gelingt es privatwirtschaftlich organisierten Unternehmen am besten, zukunftsorientierte, schöpferische Kräfte zu mobilisieren und damit den strukturellen Wandel voranzutreiben. Innovationen sowie der damit verbundene strukturelle Wandel verlangen jedoch von allen Marktakteuren ein hohes Maß an Anpassungsfähigkeit. So garantiert der flexible Einsatz hochspezialisierter Expertenteams nachhaltige Erfolge bei der Erschließung neuer Märkte. Mit dem telekommunikationsspezifischen Marketing-Know-how sind vor allem einschlägige Branchenkenntnisse, zielgruppenspezifisches Marketing, Kompetenz im Service sowie der Aufbau eines ausreichend großen Kundenstamms mit hoher Kundenbindung angesprochen. Mit Hilfe geeigneter Marketing-Instrumente muss der schnelle Markteintritt sowie das zügige Erreichen der kritischen Kundenzahl bewerkstelligt werden.

Enge Verflechtung zwischen technischem Wissen und Marketing-Know-how

Auf zahlreichen Gebieten sind technisches Wissen und Marketing-Know-how eng miteinander verflochten. Das gilt im Rahmen der Produktdifferenzierung bzw. der erfolgreichen Markteinführung von innovativen Dienstleistungen ebenso

Richard von Weizsäcker diskutiert mit Peter Stritzl über die Bedeutung von Telekommunikationstechnik im vereinten Europa, Berlin 12/2000

Klaus von Dohnanyi bei einer Vortragsveranstaltung über Breitbandkabelnetze gemeinsam mit Peter Stritzl im Roten Rathaus, Berlin

Hans-Dietrich Genscher spricht mit Peter Stritzl über die Chancen Deutschlands bei der Globalisierung der Telekommunikationsmärkte, Berlin 11/1996

Lothar Späth tauscht sich mit Peter Stritzl über aktuelle Entwicklungen des Informationszeitalters aus, Berlin 11/1998

Wolfgang Bötsch und Peter Stritzl bei einer gemeinsamen Pressekonferenz zu neuen Angeboten über Breitbandkabelnetze, Berlin 11/1998

Ministerpräsident Edmund Stoiber im Gespräch mit Peter Stritzl über die Situation der Breitbandkabelnetze in Bayern, München 11/1997

Peter Glotz, Guido Westerwelle und Christian Schwarz-Schilling auf einer Podiumsveranstaltung, zu der Peter Stritzl eingeladen hatte, Berlin 11/2001

wie bei der Kundenanbindung im Rahmen der Überbrückung der „letzten Meile". Beide Ressourcen gelten als besonders kritisch, da sie in hohem Maße von der Einsatzbereitschaft gut ausgebildeter Telekommunikations-Fachkräfte abhängen. Das Wissen dieser Fachkräfte lässt sich dabei nicht ohne erhebliche Zeitaufwendungen und „Erfahrungskosten" über den Markt erwerben bzw. im Unternehmen aufbauen. Unabhängig von der Größe haben daher in Telekommunikationsmärkten jene Unternehmen große Erfolgschancen, die aufgrund oftmals jahrzehntelanger Markt- und Branchenerfahrung das erforderliche personelle und organisatorische Wissen, was zum erfolgreichen Bestehen auf dynamischen Telekommunikationsmärkten erforderlich ist, aufgebaut haben.

Allerdings versuchen häufig branchenfremde, aber kapitalstarke Unternehmen, sich durch das Abwerben von Personal das erforderliche Know-how „einzukaufen" *(vgl. Gries 1998, S. 98 f.)*. Ob diese Strategie allerdings zum Erfolg führen wird, darf bezweifelt werden. Die Innovations- bzw. Wissenspotenziale kompetenter Mitarbeiter lassen sich umfassend nur innerhalb spezifischer Unternehmensstrukturen und -kulturen erschließen, wobei die Höhe des Einkommens nur einer von mehreren Einflussfaktoren ist.

Zu den als Vermögen bezeichneten intangiblen Ressourcen, die zur Erzielung von Wettbewerbsvorteilen eingesetzt werden können, sind die für die Netzbetreiber erforderlichen Lizenzen, die aufgebaute Marke sowie der Firmenname bzw. der Firmenruf zu zählen. Hier spielen auch Größe sowie Struktur des Kundenstamms eine wichtige Rolle. Aufgrund der hohen Fixkosten beim Betrieb von Kommunikationsnetzen hat die Anzahl der Kunden sowie deren Bonität und Nutzungsverhalten für das schnelle Erreichen der Gewinnschwelle große Bedeutung *(vgl. Gries 1998, S. 99)*.

Eine weitere wichtige Kategorie der intangiblen Ressourcen stellen die organisatorischen Faktoren dar. Im Hinblick auf die Besonderheiten der Telekommunikationsmärkte muss der Organisation der Abrechnung *(Billing)* hohes Augenmerk geschenkt werden. Überdies erfordert die starke Technologisierung und wettbewerbliche Dynamik des Telekommunikationsmarktes eine strenge Konzentration auf die Kernkompetenzen bzw. Kernbereiche des Unternehmens. Darüber hinaus sind organisatorische Maßnahmen zur Gewährleistung der Kundenanbindung besonders wichtig. Eine Unternehmenskultur, welche den erforderlichen Rahmen für kreative, innovative und kollegiale Aufgabenerfüllungsprozesse zur Verfügung stellt, stellt eine weitere organisationale Ressource mit großer Ergebnisrelevanz dar. Zuletzt muss von Seiten eines auf den Telekommunikationsmärkten tätigen Unternehmens ein Mindestmaß an Stabilität gegeben sein, um den Kunden das erforderliche Vertrauen in die Langlebigkeit sowie Zukunftssicherheit des Angebots zu signalisieren *(vgl. Gries 1998, S. 100)*.

Die oben aufgeführten Ressourcen und Fähigkeiten können von intelligenten und flexiblen Unternehmen der Telekommunikationsbranche zu individuellen Kernkompetenzen gebündelt werden, welche dann die Basis für mehrere Produktlinien (z.B. Kabel-TV-Netz- und Multimedialeistungen) bilden. In der Literatur werden acht Kernkompetenzen aufgeführt, die als Orientierungsmarken für den Erfolg auf Telekommunikationsmärkten gelten *(vgl. hierzu Gries 1998, S. 100 und die dort angeführte Literatur)*:

- der Aufbau sowie die Penetration einer Marke,
- die Segmentierung der Kunden,
- die Durchführung einer strategischen Preispolitik,
- Customer Care,
- die Produkt- und Anwendungsentwicklung,
- der schlagkräftige Vertrieb,
- ein hoher Technologieeinsatz sowie
- die Bildung strategischer Allianzen.

Berücksichtigt man die auf Telekommunikationsmärkten vorherrschende hohe Veränderungsdynamik bei Technologien und Marktstrukturen, so erscheinen nur jene Unternehmen als langfristig überlebensfähig, denen die Weiterentwicklung, der Schutz sowie die Verwertung ihrer Kernkompetenzen gelingt. Die Wettbewerbsrelevanz bzw. der Wert von Kernkompetenzen lässt sich dabei allein von den Anforderungen der Kunden, des Marktes sowie der Wettbewerbssituation bestimmen.

1.4 Stärken- und Schwächenprofil der DTAG

Monopolressourcen der DTAG

Es bleibt festzuhalten, dass sich sowohl die Stärken als auch die Schwächen der DTAG mit der jahrzehntelangen Monopolstellung des Unternehmens begründen lassen. Die Ressourcenpotenziale der DTAG können auch als „Monopolressourcen" bezeichnet werden. Zu den Kernkompetenzen der DTAG zählen:

- ein umfassendes Know-how bzw. ein enormer Erfahrungsvorsprung im Telekommunikationsbereich,
- ein hoher Bekanntheitsgrad und ein Firmenruf, der vor allem vom sog. „Altbetreiberbonus" profitiert sowie
- ein guter Kundenzugang.

Tabelle 3 Ressourcen der Deutschen Telekom, in Anlehnung an Gries 1998, S. 104 und 105

Ressourcen		Stärken	Schwächen
Physische Ressourcen	• TK-Netze • Distributionsnetz • Grundstk. u. Gebäude • Standort • Wegerecht	+ einziger Komplettanbieter in Deutschland + flächendeckendes TK-Netz + weltweit dicht. Glasfasernetz + weltweit dicht. Kabelfernsehnetz + hoh. Wachstum der ISDN-Kanäle + flächendeckende Organisation und Vertriebstruktur	- technologisch überaltertes TV-Kabelnetz - sehr geringe Innovations-Investitionen in das TV-Kabelnetz und daher eingeschränkte Multimediafähigkeit dieses Netzes, da in direkter Konkurrenz zum Telefonnetz stehend
Finanzielle Ressourcen *Interne Fonds* *Externe Fonds*	• Cash-flow • freie Liquidität • Eigenkapital • Aktienkapital • Fremdkapital • Risikokapital	+ Kapitalzufluss durch Börsengang + enormes Einsparpotenzial bei Personal, Abschreibungen und Zinsen	- geringe Eigenkapitalquote - geringe Cashflows - insgesamt geringe Rentabilität und Finanzkraft - hohe Verschuldung
Intangible Ressourcen *Kompetenzen* *Vermögen*	• techn. Know-how • Marketingfähigkeit • Erfahrung i. Management v. Großprojekten • Behördenkontakte • Lizenzen • Marke • Firmenruf • Kundenstamm • Patente • Verträge	+ TK-Know-how + qualifiziertes Personal + gute Behördenkontakte + Erfahrungen durch Aufbau der TK-Infrastruktur in den neuen Bundesländern + hoher Bekanntheitsgrad + „Altbetreiberbonus" + starke Stellung im Privatkundensegment + großer Kundenstamm + T-Online hat die meisten Kunden der Online-Dienste in Deutschland + nahezu Monopolstellung im Homebanking + starke Marke „T" bzw. über 300 einzelne Marken	- keine Qualitätsführerschaft - Mängel bzgl. Service und Kundenorientierung - juristische Streitigkeiten wg. Missbrauch der Marktmacht/ Eingriffe der Regulierungsbehörde - bürokratisches Image
Organisatorische Ressourcen	• Unternehmenskultur • Managementsysteme • Abrechnungssysteme (Billing) • Konzentration auf Kernbereiche • Kooperation • nationale und intern. Anbindung	+ umfassende Neustrukturierung begonnen + Internationalisierungsstrategien erfolgreich in Osteuropa + internationale Allianz „Global One"	- geringe Kapital- und Personalproduktivität - schwerfällige Strukturen - größter Umsatzanteil im Telefondienstmonopol - unausgeschöpfte Potenziale im TV-Kabelnetzbereich - Verlust i. Geschäft m. Großkunden - Zeitnachteile von Global One - z.T. hohe Einstiegskosten in neue Märkte - Anlaufverlust bei Beteiligungen - Schwierigkeiten bei der Internationalisierung

Die größten Schwächen der DTAG sind:

- betriebliche Ineffizienz,
- Schwierigkeiten im Rahmen der Internationalisierungsstrategie,
- nicht ausreichend entwickelte Service- und Kundenorientierung sowie
- in einem technologisch veralteten TV-Kabelnetz, welches die dringend erforderlichen Multimedia-Potenziale nicht ausschöpfen kann

(vgl. zu einer ausführlichen Darstellung der Stärken und Schwächen der DTAG Gries 1998, S. 101–110 sowie Tabelle 3).

1.5 Stärken- und Schwächenprofil neuer Wettbewerber

Überwindung bestehender Markteintrittsbarrieren

Der Erfolg neuer Wettbewerber ist zunächst aufs Engste mit ihrer Fähigkeit verbunden, die bestehenden Markteintrittsbarrieren zu überwinden. Dabei gestalten sich die Voraussetzungen für den erfolgreichen Markteintritt aufgrund unterschiedlicher Herkunft und Größe der Unternehmen äußerst verschieden. Grundsätzliche Vorteile beim Markteintritt bringen jene Wettbewerber mit, die entweder bereits einschlägige Erfahrungen in liberalisierten Teilsegmenten des deutschen Telekommunikationsmarktes gemacht haben oder aber auf deregulierten Auslandsmärkten tätig gewesen sind. Von zentraler Bedeutung für die neuen Wettbewerber ist auch hier:

- das Verfügen über ein einschlägiges technisches Know-how,
- Telekommunikationsmarktkenntnisse sowie
- ein bereits bestehender Kundenstamm.

Generell ist festzustellen, dass alle neuen Konkurrenten der DTAG nur mit Hilfe eines aus Nachfragersicht vergleichsweise nutzenstiftenderen Angebots Kunden von der DTAG abwerben können *(vgl. zur einer ausführlichen Darstellung der Stärken und Schwächen der neuen Wettbewerber die Darstellung bei Gries 1998, S. 111–128 sowie Tabelle 4).*

Im Folgenden stehen private TV-Kabelnetzbetreiber in ihrer Funktion als Wettbewerber und Innovatoren auf den Telekommunikationsmärkten im Mittelpunkt der Betrachtung. Kabelnetzbetreiber verfügen über breitbrandige Übertragungswege, welche eine Plattform für die Bereitstellung multimedialer Dienste bieten. Aufgrund ihres direkten Endkundenzugangs und der damit verbundenen Erfahrungen in der Betreuung dieses Kundenstamms verfügen die Kabelnetzbetreiber über einen ganz entscheidenden Wettbewerbsvorteil. Den großen Chancen in diesem Bereich steht allerdings eine Reihe von Risiken gegenüber, deren Beseitigung oder zumindest Abschwächung von ganz zentraler Bedeutung für das Fortkommen des Multimediastandortes Deutschland ist.

Private TV-Kabelnetzbetreiber als Wettbewerber und Innovatoren auf den Telekommunikationsmärkten

Tabelle 4 Ressourcen der wichtigsten neuen Wettbewerber

Ressourcen	Energieversorgungs-unternehmungen	Industrie-unternehmungen	TV-Kabelnetz-betreiber	Kommunen
Physische Ressourcen	+ altern. Netzinfrastruktur u. Wegerechte - regional begrenzte Netze, k. nationale und internationale Anbindung - kein direkter Kundenanschluss	- keine umfassenden Festnetze oder Wegerecht	+ Endkundenzugang (bis zu 60% der bundesdt. Haushalte werden erreicht) + aufgerüstete BK-Netze führen zu echtem Wettbewerb im TK-Markt	+ eigene Netzinfrastruktur aufgrund d. Freistellungsprivileges
Finanzielle Ressourcen *Interne Fonds* *Externe Fonds*	+ hohe Cash-flows + Aktienkapital	+ Zugang zu Aktienkapital - geringere Cash-flows als EVU	+ Zugang zu Finanzierungsquellen über den „Neuen Markt"	- Finanzschwäche kein Zugang zu Aktienkapital
Intangible Ressourcen *Kompetenzen*	+ Erfahrung b. Planung, Aufbau und Betrieb von TK-Netzen + Erfahrung i. Management v. Großprojekten + gute Behördenkontakte - keine Erfahrung im Umgang mit Regulierungsinstanzen - keine TK-Marketing-Erfahrung - keine Erfahrung mit Wettbewerbsmärkten	+ Erfahrung i. Management v. Großprojekten + Kooperations- und Akquisitionserfahrung - keine Erfahrung im Umgang mit Regulierungsinstanzen - keine Erfahrung bei Planung, Aufbau und Betrieb v. TK-Netzen	+ Erfahrung b. Planung, Aufbau und Betrieb von TV-Kabelnetzen + größtenteils Wettbewerbserfahrung und Erfahrung i. Umgang m. Regulierungsbehörden	+ gute Behördenkontakte + hervorragende Kenntnis d. örtl. Kundenbedürfnisse - keine Technologiekompetenz
Vermögen	+ großer Kundenstamm im Versorgungsmarkt	+ teilweise vorhandener Kundenstamm	+ Marke + Netzebene 4 wichtiger Komplementär für Netzebene 3	+ öffentliche Unternehmungen, Universitäten u.a. als potentielle Kunden
Organisatorische Ressourcen	+ Systeme z. Abrechnung e. großen Kundenzahl	+ Systeme z. Abrechnung e. großen Kundenzahl	+ Systeme z. Abrechnung e. großen Kundenzahl	- lange Entscheidungswege

2 Voraussetzungen für die Entwicklung eines modernen TV-Kabelmarktes in Deutschland

2.1 Die Wertschöpfung in der Telekommunikation

Überblick über die Struktur der Wertschöpfung in der Telekommunikation

Die Leistungserstellung auf den Wachstumsmärkten der Telekommunikation weist allgemein eine hohe Komplexität auf. Für den deutschen TV-Kabelmarkt existieren darüber hinaus eigene Besonderheiten hinsichtlich der unterschiedlichen Netzebenen und deren Betreiber. Im folgenden Abschnitt wird ein Überblick über die grundlegende Struktur der Wertschöpfungskette auf Telekommunikationsmärkten gegeben, während sich der nächste Abschnitt explizit mit den in Deutschland vorherrschenden Netzebenen des TV-Kabelmarktes und den hieraus resultierenden Besonderheiten beschäftigt.

2.1.1 Die allgemeine Struktur der Wertschöpfungskette in der Telekommunikation

Komplexe Wertschöpfung in der Telekommunikation

Die Wertschöpfung in der Telekommunikation gestaltet sich im Vergleich zu anderen Industrien als relativ komplexer Vorgang. Die verschiedenen Stufen der Leistungserstellung können dabei sowohl von vertikal integrierten Unternehmen als auch von institutionell getrennten Einheiten erbracht werden. Grundsätzlich wird die Kern-Wertschöpfung der Telekommunikationsdienste durch den Einsatz von Informations- und Kommunikationstechnologien sowie durch Marketingaktivitäten flankiert. Abbildung 22 gibt einen stilisierten Überblick über die einzelnen Stufen der Leistungserstellung in der Telekommunikation *(vgl. Ehrmann 1999, S. 35)*.

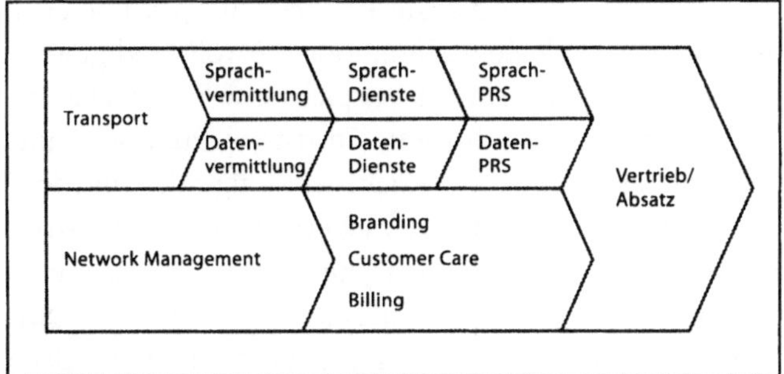

Abb. 22 Die Wertschöpfungskette in der Telekommunikation

Die Transportebene bildet die erste Stufe der Wertschöpfungskette. Auf dieser Ebene spielen vor allem Wegerechte, Leitungen, Lokationen sowie Übertragungstechniken eine besondere Rolle. Die nächste Stufe, die auf der Transportebene aufbaut, stellt die Vermittlungsebene dar. Dabei beinhaltet die Vermittlungsebene im Sprachbereich sog. *Sprach-Switches, Points of Interconnection (POI)* zu anderen Netzbetreibern sowie *Points of Presence (POP)*, an denen die Kunden auf das Netz geschaltet werden. Im ebenfalls zur Vermittlungsebene zählenden Datenbereich sind es *Daten-Switches* und *Router*, welche die Vermittlungsfunktion übernehmen. An den *Points of Presence (POP)* erfolgt wiederum die Aufschaltung der Kunden auf das Netz. Sowohl die Sprach- als auch die Datenvermittlung erfolgt bei modernen, digitalen Netzarchitekturen über die gleiche physikalische Infrastruktur und Übertragungstechnologie. Die hier skizzierte Infrastruktur bildet die Grundlage des Sprach- und Datendiensteangebots, wobei die reinen Datentransportdienste *(Frame Relay, X.31, X.25)* sowie Leased Lines auf der Vermittlungsebene verortet sind *(vgl. Ehrmann 1999, S. 35)*.

Wichtige Synergien des gemeinsamen Betriebs von Transport- und Vermittlungsebene resultieren vor allem aus der Unterstützung der Leistungsstufen durch ein beiden Ebenen zur Verfügung stehendes Network Management. Hierzu zählen technische IT-Systeme, Call Data Records und entsprechende Autorisierungs-Software. ISDN/PSTN-Dienste oder Calling Cards repräsentieren die üblicherweise eingesetzten Sprachdienste. Auf der anderen Seite stehen CIR, IP-Dienste, Interworking zwischen LANs oder Managed-End-to-End-Dienste als Beispiele für entsprechende Datendienste.

Die aufgeführten Basisdienste können im Sprachbereich durch entsprechende Zusatzfunktionen vervollständigt werden. Im Datenbereich sind es beispielsweise Server-Dienste oder Gateways für Premium-Rate-Dienste, die zur Ergänzung zur Verfügung stehen. Aus der Sicht der Endkunden sind derartige Premium-Rate-Services nicht selten mit Inhalte-Angeboten (Info Lines) verbunden. Durch die marktorientierte Stufe eines gemeinsamen Brandings sowie des Customer Care und des Billing wird das Diensteangebot unterstützt. Mit dem Vertrieb ist schließlich die Schnittstelle zum Markt gegeben *(vgl. Ehrmann 1999, S. 36)*.

Dieser stilisierte Überblick über die einzelnen Stufen der Leistungserstellung in der Telekommunikation bietet bereits erste Anhaltspunkte für eine Klassifizierung der zahlreichen, auf dem deutschen Markt aktiven Telekommunikationsanbieter *(vgl. hierzu Tabelle 5 sowie die Darstellung bei Ehrmann 1999, S. 36f.)*.

Tabelle 5 Klassifizierung von Telekommunikationsanbietern anhand der Position in der Wertschöpfungskette

	Transport	Vermittlung	Dienste/PRS	Vertrieb
Netzbetreiber	x	x	x	x
Switched Reseller		x	x	x
Switchless Reseller			x	x
Händler				x

Auf der Grundlage einer eigenen Infrastruktur bieten Netzbetreiber sowohl Sprach- als auch Datendienste an. Hierbei nutzen sie einschlägige Differenzierungsvorteile über die oben erwähnten Synergiepotenziale insbesondere im Bereich der unterstützenden Funktionen Network Management, Customer Care und Billing. Die Leistungserstellung im Transportbereich ist für Netzbetreiber, wie bereits an anderer Stelle ausführlich dargelegt, durch erhebliche Economies of Scale (Größeneffekte) charakterisiert.

Risiken der Netzbetreiber aufgrund hoher irreversibler Investitionskosten

Darüber hinaus tragen die Netzbetreiber ein erhebliches Risiko, welches aus dem hohen Anteil irreversibler Investitionskosten und den damit verbundenen Markteintritts- und Marktaustrittsbarrieren resultiert. Vor diesem Hintergrund stehen infrastrukturbasierte Marktteilnehmer vor der Herausforderung, ihre aufgebauten Kapazitäten möglichst in vollem Umfang auszulasten. Diesen Anforderungen versuchen Netzbetreiber über einen sehr breiten Marktangang gerecht zu werden, der bei entsprechend erfolgreicher Realisierung neben den Differenzierungsvorteilen auch zu Kostenvorteilen führen kann. Die (Produkt- bzw. Leistungs-) Differenzierung schafft jene Vielfalt, die notwendig ist, um möglichst viele und möglichst differenzierte Kundenwünsche individuell befriedigen zu können. Greifen diese unterschiedlichen Leistungen jedoch auf gemeinsame Basis- bzw. Servicedienste zurück, so lassen sich in diesem Bereich Fix- bzw. Gemeinkostendegressionseffekte *(Economies of Scale)* realisieren. Eine zentrale Voraussetzung für entsprechend vielfaltschaffende Investitionsvolumina auf Seiten der Netzbetreiber sind vorab bekannte, transparente und gleichsam stabile Spielregeln in Form regulatorischer Rahmenbedingungen. Das langfristige Engagement der Netzbetreiber wird sich grundsätzlich an diesem Regelwerk orientieren und die Strategien an ihm ausrichten *(vgl. Ehrmann 1999, S. 37 und 38)*.

Vermittlungsfunktion der Switched Reseller

Im Gegensatz zu den Netzbetreibern verzichten Switched Reseller weitgehend auf eine eigene Leistungserstellung im Bereich Transport und konzentrieren sich vielmehr auf die Wahrnehmung der Vermittlungsfunktionen. Oft ist der stark kapitalintensive Bereich des Customer Care und Billing bei Switched Resellern nur rudimentär vorhanden. Die Zwitterrolle in der Ressourcenbasis findet ihren Niederschlag in der strategischen Stoßrichtung der Switched Reseller. So verfolgen diese Telekommunikationsanbieter keine reine Preisstrategie, sondern setzen insbesondere auf ihre Marketingkompetenzen, womit sie bisher sehr erfolgreich waren. Allerdings laufen Switched Reseller aufgrund der fehlenden Kontrolle über vorgelagerte Wertschöpfungsstufen Gefahr, mit ihrer Strategie „zwischen die Stühle" zu geraten. So können weder Qualitätsgarantien und Innovationspotenziale geltend gemacht werden noch sind mittelfristig Spielräume für Kostensenkungen auf der Leitungsebene zu erwarten. Ganz im Gegenteil steigt mit zunehmender Anzahl von Switched Resellern und ihren schrumpfenden relativen Marktanteilen das Risiko, dass unausweichliche Kapazitätsengpässe um die Zusammenschaltungspunkte zu weiteren Qualitätseinbußen führen, die auch in die Angebotspalette anderer Wettbewerber diffundieren. Die starke Abhängigkeit von der zugekauften Wertschöpfung aus der Transportebene birgt des Weiteren die Gefahr, Opfer von Behinderungsmissbrauch zu werden. Vor diesem Hintergrund bauen Switched Reseller verstärkt eigene Infrastrukturen auf der Leitungsebene auf, um dieser Gefahr entgegenzutreten *(vgl. Ehrmann 1999, S. 38)*.

Die sog. Switchless Reseller sind dadurch charakterisiert, dass sie sowohl Transport- und Vermittlungsfunktionen als auch Networkmanagement sowie häufig Customer Care und Billing-Leistungen einkaufen. Ihr strategischer Wettbewerbsparameter ist der Preis. Durch die geringen Investitionsvolumina sehen sich die Switchless Reseller mit nur geringen Markteintritts- bzw. Marktaustrittsbarrieren konfrontiert. Damit ist es ihnen möglich, eine Strategie des schnellen Imitations-Wettbewerbs zu verfolgen und somit von kurzlebigen Trends zu profitieren. Switchless Reseller legen ihren strategischen Handlungsschwerpunkt auf „Hit and run"-Strategien, was bedeutet, dass sie in besonders profitable Bereiche schnell eintreten, die dort vorherrschenden überdurchschnittlichen Gewinne abschöpfen, um bei einer Konsolidierung des Marktes diesen wieder zu verlassen. Dass diese Strategie ein überdurchschnittlich hohes Maß an Flexibilität voraussetzt, muss nicht weiter betont werden. Wichtig ist zu erkennen, dass Switchless Reseller in ganz zentralen Bereichen der Wertschöpfungskette in der Telekommunikation auf Vorleistungen angewiesen sind. Dieser Umstand beeinträchtigt ihre Planungssicherheit im Hinblick auf Preise und Qualitäten der zu beziehenden Zwischenprodukte in nicht unerheblichem Ausmaß *(vgl. Ehrmann 1999, S. 38f.)*.

Höhere Bedeutung von Netzbetreibern gegenüber Switched Reseller sowie Switchless Reseller

Die Bedeutung von Netzbetreibern, die mit ihrer eigenen Infrastruktur die zentrale Basis für alle Sprach- und Datendienste zur Verfügung stellen, ist somit deutlich herausgestellt. So greifen ein Großteil der Switched Reseller sowie sämtliche Switchless Reseller auf die von Netzbetreibern zur Verfügung gestellte Transportebene zurück. Qualität und Kosten dieser Infrastrukturen gehen als Vorleistungen in die Wertschöpfungskette von Switched bzw. Switchless Resellern ein und determinieren hierüber Preise und Qualitäten für den Endkundenmarkt.

2.1.2
Die Besonderheiten der Wertschöpfung im deutschen TV-Kabelmarkt

In der Bundesrepublik Deutschland war und ist es die Deutsche Telekom AG (DTAG), welche die Kabelfernsehnetze im öffentlichen Grund betreibt (Netzebenen 1 bis 3). Sie führt das Kabelsignal bis an die privaten Grundstücksgrenzen. Dagegen werden die Anschlussleitungen im privaten Grund und insbesondere die Verteilnetze in den Wohnanlagen, die sog. Netzebene 4 in den meisten Fällen von Kabelnetzbetreibergesellschaften und Wohnungsbauunternehmen errichtet und auch betrieben. Die Aufbaustruktur des deutschen TV-Kabelnetzes sowie die Betreiber der verschiedenen Netzebenen sind in Abb. 23 dargestellt.

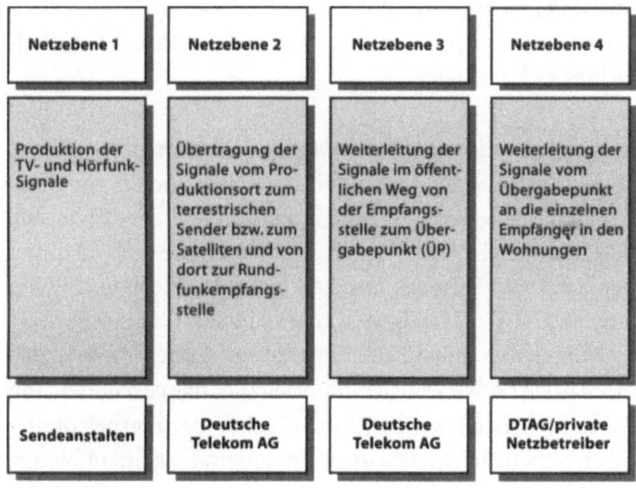

Abb. 23 Aufbau des deutschen TV-Kabelnetzes

Die Wertschöpfung vollzieht sich dabei entlang dieser vier Netzebenen, die somit beim „Spiel" um den deutschen TV-Kabelmarkt bzw. die deutsche Multimedia-Zukunft im Mittelpunkt stehen. (vgl. Abb. 24).

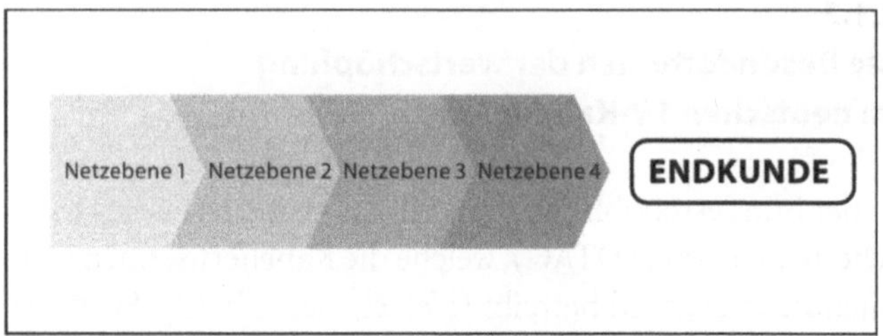

Abb. 24 Wertschöpfung über die Netzebenen hinweg

Welche Besonderheiten und welche Zusammenhänge sind nun im Rahmen der Wertschöpfung in der deutschen Telekommunikation zu berücksichtigen?

Netzebene 4 als Schnittstelle zwischen Übertragungsnetz und Endkunden

Den Ausgangspunkt der Darstellung soll die Netzebene 4 bilden, die als Schnittstelle zwischen dem Übertragungsnetz und dem Endkunden herausragende Bedeutung für den gesamten Wertschöpfungsprozess besitzt. So sind die folgenden Punkte im Rahmen jeder Analyse des deutschen TV-Kabelmarktes zu beachten:

- Die Betreiber der Netzebene 4 verfügen über den direkten Endkundenzugang. Sie sind es, die mit den Kabelkunden Anschlussverträge abschließen. Aufgrund ihrer unmittelbaren Nähe zum Absatzmarkt haben die Betreiber der Netzebene 4 schon immer über konkretes Wissen hinsichtlich der Wünsche und Präferenzen sowie der jeweiligen Zahlungsbereitschaft der Endverbraucher verfügt. Vor diesem Hintergrund wurden in den letzten Jahren hoch entwickelte Endkundenzugänge geschaffen, um die Marktchancen, welche (Kabel-) Telefonie, Internet, digitales Fernsehen, Telemetrie und Gebäudemanagement bieten, zum Vorteil für die Verbraucher nutzen zu können. Der technologisch hoch entwickelte Endkundenzugang schafft eine gewisse Exklusivstellung für die Betreiber der Netzebene 4: Nur sie besitzen das erforderliche Know-how, um die Multimedia-Welt in den bundesdeutschen Haushalten realisieren zu können.

- Die DTAG bzw. die Käufer ihres Kabelnetzes sind entlang der Wertschöpfungskette mögliche, wenn auch nicht die einzig möglichen, Signallieferanten. (Auch „City-Carrier" stellen ein entsprechendes Signal zur Verfügung). Für die Heranleitung des Kabelsignals bis zum Übergabepunkt führen die

Betreiber der Netzebene 4 einen Teil ihrer Erlöse an die Betreiber der vorgelagerten Ebene ab. Auf der anderen Seite schließt der jeweilige Programmveranstalter mit den Betreibern der Ebene 3 einen Einspeisevertrag ab.

- Aktuell befindet sich der Telekommunikationsmarkt in einem tief greifenden Strukturwandel, der direkten Einfluss auf das Spiel entlang der Wertkette in der Telekommunikation nimmt. Aufgrund technischer und ökonomisch-rechtlicher Veränderungen ergeben sich innovative Entwicklungs- und Innovationsmöglichkeiten im TV-Kabelbereich von hoher wettbewerbsstrategischer Relevanz *(vgl. hierzu ausführlich Gerpott 1998, S. 17ff. und hier insbesondere Abb. 2-1, S. 19)*:

- Glasfaser/Digitalisierung: Hier erfolgt eine leitergebundene Übertragung diskret zweiwertiger Zeichen mittels Lichtsignal, die zu einer hohen Bandbreite, zur Diensteintegration auf einem Netz sowie zu geringen Kosten für zusätzliche Übertragungskapazitäten führen.

- Netzsteuerung bzw. Netzkontrolle mittels vom physischen Netz getrennter Software- und Rechnerarchitekturen ermöglicht neue Dienste, führt zu einer Erhöhung der Diensteangebotsflexibilität (schnelle Netzrekonfiguration) sowie zur Integration von Fest- und Mobilfunknetzen eines Betreibers.

- Vermittlung unterschiedlicher Informationstypen über ein integriertes Glasfaser-Breitbandnetz führt zu neuen Breitbanddiensten, zur Entkoppelung von Diensten und Netzen sowie zu Kostenreduktionen.

- Übertragung von Sprache über paketvermittelnde (Daten-) Netze ermöglicht innovative Telefondiensteplattformen (PC-PC-Telefonie) und führt zu integrierten multimedialen Diensten sowie wiederum zu Kosteneinsparungen.

- Verringerung der zu übertragenden Zeichenmenge ohne signifikanten Informationsverlust führt zu einer verbesserten Nutzung vorhandener Übertragungsmedien sowie zu einer Kostenverringerung im Rahmen der Schaffung einer Netzbasis für breitbrandige Dienste.

- Übertragung hochbitratiger Datenströme (von Sprache) über Kupferdoppeladern (Koaxialkabel) führt zu neuen Diensten in vorhandenen Netzen bei nur geringem Zusatz-(Grenz-)Kosten.

- Anbindung von (stationären) Kunden über Funktechnologien an die lokalen Vermittlungsstellen eines Festnetzes führt zu einer deutlichen Verringerung der Fixkosten für Anschlüsse neuer Endkunden an das Festnetz im Vergleich zu den Aufbaukosten eines terrestrischen Endkundenzugangs.

- Die privaten Betreiber auf der Netzebene 4 sind sowohl technisch als auch finanziell in der Lage, diesen Veränderungsnotwendigkeiten Rechnung zu tragen und die entsprechenden Investitionen zur technologischen Aufrüstung der Netze zu tätigen. Innerhalb einer liberalisierten Wettbewerbslandschaft sehen die TV-Kabelnetzbetreiber in der technologischen Aufrüstung der Netze zu Multimedia-Netzen die zentrale Voraussetzung dafür, den Kunden ein noch vielfältigeres Diensteangebot zu erschwinglichen Preisen bereitstellen zu können.

- Die Netzebenen 1 bis 3 stehen in einer komplementären Beziehung zur Netzebene 4. Letztere gewährleistet den Zugang zum Endkunden, weshalb die Ebenen 1 bis 3 ohne die Ebene 4 zunehmend weniger wert sein werden. Diese Komplementarität zwischen der Netzebene 4 und den ihr vorgelagerten Ebenen fordert im Spiel um den Aufbau einer technologisch innovativen „Telekommunikationswelt" eine integrierte Perspektive. Es müssen die Betreiber aller Ebenen an einem Strang ziehen, d.h. sich in technologischer wie ökonomischer Hinsicht koordinieren („Harmonisierung"), um die „Breitbandkabelwelt" entlang der Wertschöpfungskette erfolgreich realisieren zu können. Gelingt es den Betreibern der unterschiedlichen Netzebenen, sich auf gemeinsame Standards zu einigen, so lassen sich Verbundvorteile in Form von positiven Netzeffekten realisieren, was letztlich wieder direkt dem Endkunden zugute kommt. Im Spiel um den deutschen TV-Kabelmarkt ist entlang der wertschöpfenden Netzebenen also kein wirklicher Interessenkonflikt zwischen den einzelnen Spielern (Betreibern) gegeben. Vielmehr vollzieht sich entlang der Netzebenen bzw. der Wertschöpfungsstufen ein „Win-Win-Spiel", bei dem alle gewinnen können, wenn sie sich nur entsprechend kooperativ verhalten. Falls man allerdings von Seiten der Betreiber der Netzebene 3 versuchen sollte, die Netzebene 4 zu umgehen und den Endkunden direkt an die Ebene 3 anzubinden, so entstünden neue Monopolisierungsgefahren. Darüber hinaus wären die gesamtwirtschaftlich positiven Effekte eines konzertierten Vorgehens und damit die Logik des „Win-Win-Spiels" durchkreuzt, da in diesem Falle die Betreiber der Ebene 4 sich ihr Signal von einem anderen Lieferanten holen würden. Die privaten Betreiber der Ebene 4 verfügen über meist langjährige Erfahrungen sowie über hervorragend geeignete Ressourcen und entsprechendes Wissen, um die TV-Kabelnetze zukunftsorientiert sowohl gestalten als auch betreiben zu können. Die Integration dieser Netzbetreiber bei der (Neu-)Strukturierung eines erfolgreichen Multimedia-Marktes kann für alle Beteiligten nur von Vorteil sein (Win-Win-Situation). Dabei muss die zentrale Bedeutung, welche die Netzebene 4 für die gesamte (digitale) Wertkette hat, allen Marktteilnehmern verdeutlicht werden.

- Der Wettbewerb auf dem Markt der Kabelnetze (hier insbesondere Netzebene 1 bis 3) wurde durch die DTAG stark beschränkt. Die Erfahrungen der Vergangenheit haben gezeigt, dass die DTAG keinen Anreiz hat, Wettbewerb in einer alternativen Infrastruktur im Ortsnetzbereich zu fördern. Es ist daher nicht zu erwarten, dass sie schnell einer umfassenden Neustrukturierung der Netze zustimmen wird. Aus der Perspektive der privaten Kabelnetzbetreiber ist das Verhalten der DTAG so zu interpretieren, dass die Aufrüstungspläne für das DTAG-TV-Kabel, die über mehrere Jahre hinweg von Seiten der privaten Netzbetreiber angeboten wurden, solange als möglich behindert werden sollten.

- Es war zu beobachten, dass die DTAG solange sie Eigentümerin und Verfügungsberechtigte sowohl der Telefon- als auch der Kabelnetze war, strukturbedingt ihr Interesse und ihre Unternehmensstrategie darauf ausrichtete, Wettbewerb zwischen diesen beiden Infrastrukturen zu unterbinden. So war es ihre Strategie, die Telefonnetze, und eben nicht die Fernsehkabelnetze, zu einer flächendeckenden multimediafähigen Infrastruktur mit direkter Beziehung zum Endkunden zu entwickeln und auszubauen. Die DTAG entfachte einen internen „Pseudo-Substitutions-Wettbewerb" zwischen

Telefon- und Fernsehkabelnetz: Aufgrund dieser einseitigen Investitionsstrategie wurde dem Ausbau des Fernsehkabelnetzes zu einem Multimedianetz die wirtschaftliche und damit technologische Basis entzogen. Hierdurch wurden die einseitigen Investitionen bei den Telefonnetzen geschützt. Dieses Verhalten hatte zum einen unmittelbare Auswirkungen auf die Wettbewerbsfähigkeit der informationstechnischen Infrastruktur der Bundesrepublik Deutschland und zum anderen auf das Produkte- und Diensteangebot für die Konsumenten. Durch die Verweigerung der dringend gebotenen Modernisierungsinvestitionen zur Digitalisierung und Rückkanalfähigkeit der TV-Kabelnetze, missbrauchte die DTAG ihre Eigentumsrechte in gesellschaftspolitisch und volkswirtschaftlich unzulässiger Weise. Interessant dabei ist, dass dies, mit Ausnahme einiger weniger Branchenkenner, weder der Politik noch der breiten Öffentlichkeit aufgefallen war.

2.2 Die Bedeutung des Verkaufs des DTAG-TV-Kabelnetzes für die Entwicklung des deutschen Telekommunikationsmarktes

2.2.1 Chancen und Probleme des Verkaufs

Eine zentrale Voraussetzung für die weitere Entwicklung des Telekommunikationsmarktes sowie insbesondere für die Wettbewerbsfähigkeit des Produktes Kabelanschluss muss in der marktgerechten Umsetzung des Verkaufs des TV-Kabelnetzes der DTAG gesehen werden. Das 440.000 Kilometer lange Kabelnetz ist auf weiten Strecken aus gewöhnlichem Kupferdraht. Will man über dieses Netz Multimedia veranstalten, d.h. mehrere hundert Fernsehprogramme, Videos auf Bestellung, superschnelle Internet-Anschlüsse sowie Telefonie und telematische Anwendungen anbieten, so sind die bereits erwähnten hohen Investitionssummen von Seiten der Käufer aufzubringen. Denn nur auf diesem Wege lässt sich das TV-Kabel zum alternativen Daten-Highway und damit zu einem effizienten Wettbewerbsinstrument, das dem Kunden Leistungsvielfalt und niedrige Preise garantiert, aufrüsten.

Nach jahrelanger Diskussion hatte sich die DTAG 1999 dazu entschlossen, den Verkauf von Anteilen an ihrem TV-

Kabel in Angriff zu nehmen. Zu diesem Zweck wurde das Kabelnetz in neun Regionalgesellschaften aufgeteilt, für welche die Interessenten dann Kaufangebote abgeben konnten. Diese „Regionalisierung" war jedoch mit einigen, von der DTAG durchaus bewusst geschaffenen, Problemen verbunden, die in ihrem historischen Rückblick ein eindrucksvolles Zeugnis für die Verzögerungs- und Hinhaltestrategie der DTAG liefert.

- So wurde gerade von Seiten der privaten Kabelbetreiber bereits früh kritisiert, dass die DTAG die Belegung der Kanäle sowie die Gestaltung der Inhalte in eine separate Tochtergesellschaft, die Media Service GmbH (MSG), ausgliedert hatte. Die MSG stand nach Aussage der DTAG allerdings nicht zum Verkauf, weshalb völlig ungeklärt blieb, ob der Käufer des Netzes auch Einfluss auf die angebotenen Programme nehmen könne. Vor diesem Hintergrund musste befürchtet werden, dass die Wertschöpfung auch nach dem Netzverkauf in der Hand der DTAG verbleiben würde. Diese Befürchtung wurde durch die Tatsache untermauert, dass über die DTAG-Tochter MSG die d-box vertrieben wurde, über die sich der Zugang zum (digitalen) Fernsehen sowie zum Internet kontrollieren lässt. Die Käufer des TV-Kabelnetzes wären in diesem Modell zu reinen „Transporteuren" degradiert worden, während die DTAG im Hinblick auf die Inhalte bzw. die digitale Wertschöpfung weiterhin das uneingeschränkte Sagen gehabt hätte.

- Ein permanenter Stein des Anstoßes war der von der DTAG geforderte Verkaufspreis. Der Buchwert des Netzes wurde per Ende 1997 mit einem Wert in Höhe von 8,4 Milliarden Mark angegeben. Von Seiten des DTAG-Chefs Ron Sommer wurde jedoch immer wieder eine Preisforderung von mindestens 20 Milliarden Mark ins Spiel gebracht.

Im Rahmen des geplanten Verkaufs ihrer TV-Kabelnetze fiel der Deutschen Telekom AG nochmals eine „Quasi-Monopolstellung" gegenüber den Käufern zu. Durch den Verkauf ihrer Netze bzw. über die konkreten Verkaufspreise für die einzelnen Netz-Cluster (die sog. Regionalgesellschaften) war die DTAG in der Lage, Einfluss auf das Investitionsvolumen, die jeweiligen Innovationspotenziale und damit auf die langfristige Wettbewerbsfähigkeit der privaten Netzbetreiber zu nehmen.

Der Verkauf der DTAG-TV-Kabelnetze an private Betreiber stellte die zentrale Voraussetzung für kundenorientierte und innovative Leistungen bzw. Produkte im Multimedia-Bereich dar. Es muss jedoch erkannt werden, dass der Verkauf des DTAG-Netzes den weiteren Wertschöpfungsprozessen und -aktivitäten auf den Multimedia-Märkten vorgelagert ist. Hieraus resultiert für die DTAG eine „Quasi-Monopolstellung", die sich trefflich zur besseren Erreichung ihrer eigenen Ziele instrumentalisieren ließ. Durch die spezifischen Verkaufskonditionen und über die für die Netze geforderten Preise, konnte die DTAG nachhaltigen Einfluss auf die Entwicklungs- und Wettbewerbsfähigkeit des TV-Kabelnetzes nehmen.

Zwischen der DTAG und den neuen Besitzern der TV-Kabelnetze kommt es zu einer vertikalen Beziehung, in welcher der „Quasi-Monopolist" über seine von ihm geforderten Verkaufspreise die Kostenstrukturen sowie Investitionsmöglichkeiten der neuen Betreiber direkt beeinflusst. Dieser Zusammenhang lässt sich dadurch erklären, dass die privaten Betreiber das von der DTAG übernommene Netz als Basissystem benötigen, um ihre Produkte bzw. Leistungen anbieten sowie die erforderlichen Innovationsinvestitionen tätigen zu können. Somit wird das TV-Kabelnetz der DTAG nach seinem Verkauf zum Gegenstand weiterer Entscheidungen, so z.B. über die Endverbraucherpreise, über seinen Einsatz als Basis- bzw. Inputsystem oder über die Höhe der durchzuführenden Rationalisierungsinvestitionen. Die DTAG hatte großes Interesse, auf diese nachgelagerten Entscheidungen Einfluss zu nehmen, da das verkaufte TV-Kabelnetz einen Konkurrenten zu ihrem Telefonnetz darstellt.

Der ökonomisch sinnvolle Verkauf der TV-Netze implizierte für die Telekom eine nicht unerhebliche Marktmacht, da sie auf der Basis ihrer alleinigen Anbieterposition eine dominierende Preisfixierung vornehmen konnte.

Nicht zuletzt muss in diesem Zusammenhang darauf hingewiesen werden, dass ein Großteil des DTAG-Breitbandkabelnetzes zu Monopolzeiten errichtet und mit Steuergeldern finanziert wurde. Ein zu hoher Preis für die Netze wird den Käufer zu Preiserhöhungen bei seinem Diensteangebot zwingen und den Steuerzahler in seiner Funktion als Endkunde ein zweites Mal zur Kasse bitten.

• Im Kontext des (Preis-)Pokers um das TV-Kabelnetz der DTAG darf auch das Phänomen des „Fluchs des Gewinners" *(Winners Curse)* nicht übersehen werden. Das Konzept des Winners Curse besagt, dass ein Bieter nur deshalb den Zuschlag bei einer Auktion erhält, weil er den „wahren", ihm aber (noch) unbekannten Wert des Auktionsgegenstandes von allen Auktionsteilnehmern am meisten überschätzt hat. Die Konsequenz hieraus ist, dass der siegreiche Bieter einen Vermögensschaden erleiden und es im Nachhinein bereuen wird, ein offensichtlich zu hohes Gebot abgegeben zu haben *(vgl. Beckmann 1999, S. 43)*.

• Gerade vor dem Hintergrund der bekannten und der vielleicht noch unentdeckten technischen Defizite des DTAG-Netzes und der damit verbundenen hohen Aufrüstungskosten kann der Erwerb eines weit überteuerten Netzes zu einem Albtraum für den Gewinner des Verkaufverfahrens werden. Die Käufer des DTAG-TV-Kabelnetzes mussten daher, um ihr Risiko zu verringern und den Endkunden beim Konsumgut Multimedia zu entlasten, einen Preisabschlag vornehmen.

• Der Verkauf an die internationalen Player Callahan Associates und Liberty Media macht es notwendig, die Besonderheiten der deutschen Wertschöpfung auf dem TV-Kabelmarkt, insbesondere im Hinblick auf die verschiedenen Netzebenen, zu berücksichtigen. So muss die zukünftige Kanalbelegung durch die neuen Investoren zwingend mit der Belegung eigener Dienste der Betreiber der Netzebene 4 abgestimmt werden. Gerade branchenfremden Investoren muss frühzeitig deutlich gemacht werden, dass in der Bundesrepublik Deutschland eine Netzebene 4 existiert, welche den Endkundenzugang garantiert und deren Inanspruchnahme nicht kostenlos ist. Aufgrund ihrer langjährigen Markterfahrung müssen es auch in Zukunft die Betreiber der Netzebene 4 sein, die den Endkunden (beispielsweise der Wohnungswirtschaft) individuell maßgeschneiderte Programm- sowie Dienstepakete (mit-)anbieten können.

Bedeutung einer diskriminierungsfreien Plattform für Inhalte

Grundsätzlich bleibt festzuhalten, dass das DTAG-TV-Kabelnetz nach seinem Verkauf als eine diskriminierungsfreie Übertragungsplattform für Inhalte (Contents) zur Verfügung stehen muss und es nicht für proprietäre Interessen missbraucht werden darf. Ferner muss erkannt werden, dass über den Netzverkauf der Wettbewerb gefördert werden muss und nicht behindert werden darf. Andernfalls wird kein technischer Fortschritt stattfinden, sondern es ist mit direkten negativen Konsequenzen für den Endverbraucher und die gesamte Volkswirtschaft zu rechnen.

In der Diskussion um den Verkauf des DTAG-TV- Kabelnetzes bleibt ein Aspekt jedoch fast unberücksichtigt: es bleibt eine Tatsache, dass die DTAG unabhängig vom konkreten Verkaufspreis grundsätzlich vom Verkauf ihres TV-Netzes profitieren wird. Im Folgenden sollen daher einige Argumente, die für einen Verkauf des Netzes aus Sicht der DTAG sprechen, aufgeführt werden.

2.2.2 Argumente für den Verkauf des TV-Kabelnetzes aus Sicht der DTAG

2.2.2.1 Fixe Kosten, versunkene Kosten und Kapazitäten

Die TV-Kabelnetze stellen für die DTAG fixe Kosten dar. Diese sind jedoch keine gewöhnlichen fixen Kosten, sondern *Sunk Costs* im Sinne von aufgewendeten Kosten, die nicht mehr rückgängig gemacht werden können und ausschließlich in einer bestimmten Verwendungsrichtung nützlich sind. Die fixen Kosten des Kabelnetzes der DTAG haben den Charakter spezifischer Investitionen. Das zurückhaltende Investitionsverhalten der DTAG bezüglich der TV-Kabelnetze lässt sich mit der prinzipiellen Irreversibilität der damit verbundenen fixen Kosten erklären.

Leer- und Nutzkosten der TV-Kabelkapazitäten

Hätten die privaten (internationalen) Kabelnetzbetreiber eigene Netze aufgebaut, so wäre es im TV-Kabelbereich zu massiven Kapazitätserhöhungen gekommen. Für die DTAG wäre dies mit der unausweichlichen Konsequenz verbunden gewesen, dass die fixen Kosten ihrer TV-Kabelkapazität in mehr oder weniger starkem Ausmaß in Leerkosten umgewandelt worden wären. Leerkosten stehen dabei für die fixen Kosten der ungenutzten bzw. unausgelasteten Kapazität. Um ihre Leerkosten in Nutzkosten, d. h. fixe Kosten der genutzten bzw. ausgelasteten Kapazität, transformieren zu können, hätte die DTAG auf breiter Front Preissenkungen durchführen und mitunter langfristige Verluste hinnehmen müssen. In einer solchen Situation wäre kaum anzunehmen gewesen, dass die DTAG die erforderlichen Investitionen in ihre TV-Kabelnetze zu tätigen bereit und in der Lage gewesen wäre. Vielmehr hätte sich der technologische Standard der TV-Kabelnetze weiter verschlechtert und die Investitionen im Telefonkabelbereich wären ebenfalls tendenziell gesunken, da die Verluste aus dem TV-Kabelgeschäft den Gesamtgewinn der DTAG belasten hätten.

Durch den Verkauf der TV-Kabelnetze stellen die von der DTAG einstmals getätigten Investitionen nicht mehr länger versunkene Kosten dar. Des Weiteren werden durch den Verkauf fixe Kosten der Betriebsbereitschaft abgebaut, was im Betriebsergebnis einen positiven Niederschlag findet. Gleichzeitig werden auch keine weiteren zusätzlichen Kapazitäten aufgebaut, die für alle Anbieter mit Problemen der Überkapazität und damit mit Leerkosten-Nachteilen verbunden wären. Durch diese Konstellation ist eine hohe Wahrscheinlichkeit gegeben, dass die erforderlichen finanziellen Mittel vorhanden sind, um dringend notwendige Erneuerungsinvestitionen im TV-Kabelbereich zu tätigen.

Diese Thesen werden durch empirische Ergebnisse aus den USA untermauert. Dort ging man u.a. der Frage nach, über welche Parameter, Preise oder Kapazität der Wettbewerb auf der Netzebene geführt wird. Man kam dabei zu folgenden Ergebnissen: Falls es sich bei den angebotenen Gütern um Komplementäre handelt, so wählen die Wettbewerber grundsätzlich den Preis als strategische Variable. Im Falle einer substitutiven Beziehung zwischen den Produkten wird der Wettbewerb dagegen über den Parameter Menge bzw. Kapazität geführt. Da es sich bei Übertragungsnetzen um eher substituierbare Güter handelt, dürfte sich demnach zuerst ein Kapazitätswettbewerb einstellen.

Die Untersuchungen belegen weiterhin, dass es in der Regel nur schwer möglich ist, Preise und Mengen gleichsam mühelos anzupassen. Dies trifft insbesondere für die netzgebundene Telekommunikation zu. Denn jedes Unternehmen, welches Telekommunikationsleistungen für die Öffentlichkeit anzubieten beabsichtigt, benötigt eigene oder angemietete Übertragungswege, deren Kapazitäten gewinnmaximierend auf die konkurrierenden Verwendungsmöglichkeiten verteilt werden. Der Aufbau von leitungsgebundenen Übertragungswegen ist allerdings nicht kurzfristig realisierbar, sondern mit einem hohen Zeitaufwand verbunden. Zu Zeiten der Deutschen Bundespost wurde beispielsweise für Kapazitätserweiterungen durchschnittlich ein Zeitraum von etwa vier Jahren von der Bedarfsfestellung über die Netzausbauplanung und die Beschaffung bis zur Einrichtung der zusätzlichen Kapazitäten benötigt.

Darüber hinaus, auch das belegen Untersuchungen, sind die einmal vorhandenen erdgebundenen Übertragungswege durch die bereits bekannten hohen irreversiblen Kosten gekennzeichnet, die durch den verwendungsspezifischen Charakter der mehrperiodig zu nutzenden Investitionsobjekte entstehen. Diese Sunk Costs entstehen in der erdgebundenen Telekommunikation durch die hohe Kapitalintensität und die langen Nutzungsdauern der eingesetzten Kapitalgüter. Im Fernnetz werden sie vor allem durch Tiefbauarbeiten verursacht, die für die Errichtung der terrestrischen Übertragungswege (insbesondere der benötigten Trassen und Kabelschächte) ausgeführt werden müssen. Der Grad der Irreversibilität derartiger Leitungsnetze, d.h. die Differenz zwischen Anschaffungs- und Wiederverkaufswert, liegt nahe 100 Prozent, da der Einsatz für andere Zwecke in der Regel wirtschaftlich nicht sinnvoll ist.

Gerade deshalb ist der Verkauf der Netze der Ebene 3 besonders hervorzuheben. Die Netze sind für die selbe Verwendungsrichtung vorgesehen, weshalb die DTAG nicht mit Irreversibilitäts-Problemen zu kämpfen hat. Mit anderen Worten: Wären die Netze der DTAG für private bzw. andere Netzbetreiber nicht von Wert, so wären die entsprechenden Kosten, der von der DTAG ehemals getätigten Investitionen, unwiderruflich „versunken". Bauen die Newcomer im Netzbereich dagegen eigene Netze auf, so sind beide Seiten mit Kapazitäts- und damit Leerkostenproblemen konfrontiert. Der Verkauf der Netze der Ebene 3 bringt somit allen Beteiligten deutliche Vorteile und ist daher als ökonomisch effiziente Entscheidung zu werten.

2.2.2.2 Verfügungsrechte („Property Rights")

Eigentum als ökonomisches Anreizinstrument

Mit dem Begriff der Verfügungsrechte wird die ökonomische Funktion von Eigentums-, Verfügungs- bzw. Handlungsrechten betont. So versteht man unter Verfügungsrechten *(Property Rights)* die mit knappen Gütern verbundenen und zur Nutzung im weitesten Sinne dieser Güter ermächtigenden Rechtsbündel. Ein derartiges Rechtsbündel setzt sich grundsätzlich aus den unten aufgeführten vier Elementen zusammen *(vgl. zu den folgenden Ausführungen Erlei et al. 1999, S. 272ff. sowie Burr 1995)*:

- Das Recht, ein Gut oder eine Ressource zu nutzen *(Usus)*.
- Das Recht, Form und Substanz des Gutes bzw. der Ressource zu verändern *(Abusus)*.
- Das Recht, aus der Nutzung des Gutes oder der Ressource resultierende Gewinne sich anzueignen bzw. die Verpflichtung, entstehende Verluste zu tragen *(Usus Fructus)*.
- Das Recht, einige oder alle der drei oben genannten Rechte zu veräußern, wobei der Preis zwischen den am Rechtstransfer Beteiligten vereinbart wird.

Der verfügungsrechtliche Ansatz besagt, dass der Einzelne ein Gut am höchsten einschätzt und den größten Anreiz zu effizientem und schonendem Umgang mit dem Gut haben wird, wenn ihm alle Verfügungsrechte an diesem Gut exklusiv übertragen sind. In diesem Fall kann er den gesamten Nutzen aus dem betreffenden Gut ziehen, aber es sind auch alle Nachteile und Kosten, die beispielsweise in Folge eines nachlässigen, unwirtschaftlichen Umgangs mit dem Gut resultieren, selbst von ihm zu tragen. Sind dem einzelnen alle Nutzungs-, Gestaltungs-, Gewinnaneignungs- sowie Veräußerungsrechte an dem Gut übertragen, so hat er das größte Interesse, in Erwerb und Erhaltung des konkreten Gutes zu investieren.

Kauf der TV-Kabelnetze stimuliert positive Erhaltungs- und Innovationsanreize

Nur mit dem Kauf der TV-Kabelnetze durch private Kabelnetzbetreiber werden positive Erhaltungs- und Innovationsanreize stimuliert. Eine Verdünnung der Verfügungsrechte, wie es bei einer Vermietung der TV-Kabelnetze der DTAG an private Betreiber beispielsweise der Fall gewesen wäre, hätte – wenn überhaupt – zu einem nur suboptimalen Investitionsverhalten geführt. In einer Zeit globalen Verdrängungswettbewerbs und zunehmender Bedeutung der Kabelnetze als Infrastruktur für Wirtschaft und Gesellschaft, wäre eine nur subopitmale Investitionsquote in technologische Innovationen und Erweiterungen mit weitreichenden negativen Konsequenzen für die deutsche Volkswirtschaft verbunden gewesen. Nicht zuletzt hätte dies auch negative Auswirkungen auf die Geschäfte der DTAG gehabt.

2.2.3 Besonderheiten des Verkaufs – Netzexternalitäten und Standardisierung

Die Frage, wie das Gesamtnetz der Telekom auf der Netzebene 3 aufgeteilt werden soll und wie viele Netzcluster dabei zum Verkauf kommen sollen, muss differenziert beantwortet werden.

- Zum einen sind in diesem Zusammenhang positive Netzexternalitäten von Bedeutung. Ein Netz wird grundsätzlich um so wertvoller, je mehr Personen das betreffende oder ein kompatibles Netz nutzen.

  Ein Problem, das bei Netzexternalitäten jedoch auftritt, betrifft die Angebotsseite, und hier die Art und Weise, wie Technologien ausgewählt werden und wie ihnen zum Durchbruch verholfen wird. Liegen Netzexternalitäten vor, so kommt es häufig zu einer Standardisierung, d. h. die Anwendung einer spezifischen Technologie wird als verbindlich erklärt. Im Falle der Telekommunikationsnetze war es das marktbeherrschende Unternehmen DTAG (bzw. Deutsche Bundespost), welches über Jahrzehnte die technologischen Standards definierte. Aufgrund der monopolistischen Stellung der DTAG waren die Standards allerdings zu keiner Zeit marktorientiert fixiert, sondern vom Können und Wollen einer monopolistischen Bürokratie abhängig. Dementsprechend präsentiert sich die technologische Ausstattung der DTAG-TV-Kabelnetze heute.

  Über den Verkauf der Netze lassen sich deutliche Verbesserungen erzielen, obwohl die erforderlichen Netzexternalitäten einer derartigen Entwicklung auf einen ersten Blick entgegenzustehen scheinen.

  Der Verkauf des TV-Kabelnetzes der Netzebene 3 an mehrere private Betreiber könnte zu Problemen der kritischen Masse, d. h. zu einer minimalen Zahl von Adaptoren, die das neue Netz selbst tragend betreiben, führen. In einem solchen Fall würde potenziell die Gefahr einer Netzzersplittung bestehen.

  In der Praxis hat man sich verschiedener Strategien bedient, um den Problemen bei Netzexternalitäten zu begegnen. Staatliche, bürokratische Verfahren ziehen in der Regel interventionistische Lösungen vor. Im Rahmen einer staatlichen bzw. monopolistischen Technologiepolitik werden nur ausgewählte technische Systeme zugelassen, um hierüber sowohl das Problem der kritischen Masse als auch jenes der Netzzersplittung zu lösen. Ein derartiger Interventionismus ist nur dann sinnvoll, wenn die Überlegenheit der beschrittenen Technologiepolitik feststeht. Diese bürokratische Lösung wird allerdings nur in einer (unrealistischen) Welt vollständiger Informationen möglich. In der realen Welt ist dagegen vorab nicht bekannt, was die beste Netztechnologie ist. Vielmehr tauchen auf Wettbewerbsmärkten ständig neue Lösungsmöglichkeiten in Form neuer Produkte und Technologien auf (Wettbewerb als ein Entdeckungsverfahren), weshalb ein staatlicher Interventionismus mehr als bedenklich erscheint. Er legt eine Volkswirtschaft auf eine inferiore Technologie fest, über die sich unter Umständen nicht einmal die kritische Masse erreichen lässt. In dieser Argumentation lässt sich ein wesentlicher Aspekt der technologisch rückständigen TV-Kabelnetze der DTAG identifizieren. Dies war und ist wiederum mit zahlreichen Konsequenzen für die Endverbraucher in der Bundesrepublik Deutschland verbunden.

• Zum anderen ergibt sich aus der Übernahme mehrerer privater Netzbetreiber eine andere Frage: Wie lässt sich in einer dynamischen Welt, in der das wettbewerbsinduzierte Suchen entscheidend ist, das Problem der Netzzersplitterung und das der kritischen Masse lösen?

Die privaten Netzbetreiber haben in einem dynamischen wettbewerblichen Umfeld einen vitalen Anreiz, innovative Technologien einzusetzen, um damit dem Endkunden optimale Dienste bzw. Produkte zu bezahlbaren Preisen anbieten zu können. Vor diesem Hintergrund werden die privaten Betreiber ein gemeinsames Basissystem (mit gemeinsamen Basisfunktionen) aufbauen. Die Basisfunktionen werden unter Berücksichtigung der wettbewerblichen sowie kundenbezogenen Anforderungen durch gegenseitige Abstimmung der einzelnen Betreiber (z.B. innerhalb des „Verbandes Privater Kabelnetzbetreiber e.V.“, ANGA) festgelegt. Den darüber liegenden Anwendungsfunktionen ist stets ein freier Zugang zu den gemeinsamen Basisfunktionen eingeräumt. Hierdurch wird eine Ausschöpfung von Netzexternalitäten erleichtert, ohne das dringend notwendige Innovationspotenzial auf der Anwendungsebene zu behindern *(vgl. zu dieser Argumentation Blankart et al. 1992)*.

Die privaten Netzbetreiber sind daher in der Lage, durch Verknüpfung ihrer Netzcluster „*Economies of Joint Consumption*" auszuschöpfen und gleichzeitig auf der Anwendungsebene Spezialisierungsvorteile zu realisieren. Die innovativen Anwendungsfunktionen profitieren dabei allesamt vom Zugang zu den gemeinsam nutzbaren Basisfunktionen.

Der Verkauf der TV-Kabelnetze der DTAG an private Betreiber stellt die zentrale Voraussetzung dar, um einen von einer „Telekommunikationsbehörde" beherrschten Markt in einen kundenorientierten Markt zu transformieren. Letzteres steht für die zentrale Vorbedingung, um sich im Wettbewerb gegen andere Telekommunikationsanbieter auf dem nationalen Heimatmarkt behaupten zu können.

2.2.4 „Winners Curse" oder „Winners Luck"?

Es mag in der deutschen Wirtschaftsgeschichte nur wenige Beispiele dafür geben, dass für ein chronisch defizitäres Unternehmen derartig hohe Kaufpreise geboten werden wie für das DTAG-TV-Kabelnetz. Seit Mitte der achtziger Jahre produziert die DTAG mit ihren TV-Strippen nur Verluste. Die neuen Besitzer müssen technologisch wie betriebswirtschaftlich im Vergleich zur DTAG vieles anders und auch vieles besser machen. Dabei ist ihre Ausgangslage keineswegs viel versprechend: Zum Kaufpreis müssen Investitionen in Höhe von mindestens zehn Milliarden Mark zusätzlich aufgewendet werden, um die technologisch und quantitativ rückständigen Kapazitäten nachhaltig aufzurüsten.

Über die Nutzung der Kabelkapazitäten entscheidet der neue Netzbetreiber jedoch keineswegs allein, da er deutsche Behörden „mitkauft", die sich aufgrund fehlender Alternativen kaum von ihren bisherigen Aufgaben trennen werden. Falls sich die neuen Netzbesitzer dazu entschließen sollten, ihre Kosten für Modernisierung und Ausbau via Preiserhöhungen auf die Kunden abzuwälzen, werden diese ihre Fernsehprogramme über eigene Satellitenschüsseln beziehen. In diesem Fall hätten die Investoren nichts gewonnen, aber viel verloren.

Kauf der TV-Kabel der DTAG als langfristige Investition?

Der Kauf der TV-Kabelnetze aus Händen der DTAG stellt eine langfristige Investition dar, die erhebliches technisches und marktbezogenes Know-how erforderlich macht. Schnelle Gewinnmitnahmen, wie sie insbesondere von finanzstarken

Investmentgesellschaften angestrebt wurden, lassen sich auf Netzmärkten nicht realisieren. Vielmehr bedarf es langfristiger, strategischer Entscheidungen über die technologische Aufrüstung der Netze und über ein kunden- bzw. marktorientiertes Produktangebot. Unternehmen, die diesen Anforderungen gerecht werden, müssen mindestens zwei miteinander eng verbundene Voraussetzungen erfüllen:

Sie benötigen zum einen einschlägige Marktkenntnisse und Markterfahrung. Zum anderen benötigen sie einen „langen Atem", um langfristige Investitionen in die nicht multimediafähigen Kabelnetze der DTAG tätigen zu können. Unternehmen, die von ihrer Struktur und Zielsetzung an kurzfristigen Gewinnen bzw. an schnellen Shareholder-Value-Steigerungen ausgerichtet sind, sind hier ebenso deplaziert, wie quasi-öffentliche Unternehmen, die Finanzkraft mit fehlendem Marktwissen und monopolistischen Strukturen vereinen.

Die Innovationen in der Informationstechnologie haben dazu geführt, dass sich Art und Weise, wie Kunden konsumieren, wie Geschäfte betrieben und Mehrwerte geschaffen werden, grundlegend verändert haben. So bietet das Internet jedem PC-Nutzer den schnellen Zugriff auf die Quelle aller Erkenntnis: Informationen. Dieser Zugriff wird für den Verbraucher zu immer geringeren Kosten möglich, wenn der technische Fortschritt seinen Einzug in den deutschen TV-Kabelmarkt hält.

Im Hinblick auf den Endverbraucher, der von der multimedialen Informationsgesellschaft profitieren will, war es sinnvoll, die TV-Kabelnetze an zwei Betreiber zu verkaufen, die sich bereits auf dem US-amerikanischen Markt dringend notwendige Markt- und Technologiekenntnisse aneignen konnten. Die Aufrüstung der TV-Kabelnetze zu Full-Service-Netzen stellt eine hochkomplexe Systeminnovation dar, die sich nur von entsprechend erfahrenen und finanzkräftigen Unternehmen bewältigen lässt. Gleichzeitig muss neben diesen strategischen Investitionen auch die Etablierung innovativer Geschäftsmodelle (z.B. neue Angebote oder innovative Preisgestaltungen) gewährleistet werden, was sich wegen der notwendigen Abstimmung mit anderen Akteuren der TV-Wertschöpfungskette für die neuen Besitzer des Netzes nicht einfach gestalten wird. Die Frage nach den Gewinnern dieses Deals *(Winners Luck)* lässt sich vor diesem Hintergrund leicht beantworten: Gewinner werden in jedem Fall die deutschen TV-Haushalte sein.

2.3 Zur Bedeutung privater Kabelnetzbetreiber auf deregulierten Telekommunikationsmärkten

Durch die Öffnung der Telekommunikationsmärkte wurden die zentralen Voraussetzungen für die Umgestaltung der Telekommunikation geschaffen. Mit der Marktöffnung sind Umbrüche verbunden, die sich mit den Schlagwörtern Internationalisierung, zunehmende Differenzierung der Kundenanforderungen sowie anhaltendem technologischen Fortschritt charakterisieren lassen. Erfolgreiches Handeln in einem derart dynamischen Umfeld setzt brilliante unternehmerische Strategien *(Doing the Right Things)* sowie flexible und intelligente Aktivitäten auf operativer Ebene *(Doing the Things Right)* voraus.

Strategien für dynamische Märkte

Das Zusammenwachsen der Telekommunikations-, Informations-, Medien- und Unterhaltungsbranche wird innerhalb kürzester Zeit heute noch unbekannte Märkte und Marktsegmente entstehen lassen, auf denen unterschiedlichste Produkte und Technologien Anwendung finden werden. Nur dynamische Unternehmen werden in der Lage sein, sich mit Strategien der Produkt- und Leistungsdifferenzierung sowie der Kostenführerschaft erfolgreich am Markt zu behaupten. Im Hinblick auf die Anforderungen der Kunden bzw. Anwender lässt sich feststellen, dass maßgeschneiderte Lösungen sowie die Forderung nach persönlicher Anschlussmobilität zunehmend im Vordergrund stehen. Daneben bilden Netzzuverlässigkeit sowie Übertragungsgeschwindigkeit und -flexibilität weitere wichtige Kaufkriterien.

Kundenorientierung und individualisierte Leistungsangebote

Unternehmensleistungen müssen sich in der heutigen Zeit durch ein hohes Maß an Kundenorientierung und Individualität auszeichnen. Informationsorientierte Dienstleistungen übernehmen für die Volkswirtschaften dabei zunehmend die Rolle eines Innovationskatalysators. Sie gehören zu den wachstumsstärksten und investitionsintensivsten Wirtschaftsbereichen weltweit. Als integrale bzw. komplementäre Bestandteile werden die neuen Informationstechnologien schnell wachsende Bedeutung für alle Bereiche des privaten, ökonomischen und öffentlichen Lebens gewinnen *(vgl. Bullinger et al. 1997, S. 68)*.

Gleichzeitig zerfällt die Stabilität der traditionellen Dienstleistungsmärkte, und die Wettbewerbsstrukturen werden durchlässiger. Hierzu zählt das Auflösen von Monopolen wie beispielsweise in der Telekommunikation und die damit einhergehende Liberalisierung und Deregulierung im europäischen und US-amerikanischen Umfeld. Auf den sich bildenden neuen Märkten werden in zunehmendem Maße innovative Produkte und Serviceleistungen miteinander kombiniert. Kabelnetze, Hard- und Softwareelektronik sowie Unterhaltungselektronik sind hierfür repräsentative Beispiele *(vgl. Bullinger et al. 1997, S. 69)*.

Erfolgreiches Bestehen im dynamischen Wettbewerb setzt Visionen unternehmerisch-kreativ denkender und handelnder Personen voraus. Im wettbewerblichen Umfeld der neuen Märkte lassen sich dauerhafte Wettbewerbsvorteile letztlich nur durch Visionskraft in engem Zusammenhang mit unternehmerischer Initiative erzielen. Visionen können neue Horizonte erschließen und damit zur Schaffung neuer bzw. zur Weiterentwicklung bestehender Märkte sowie zum Aufbrechen verkrusteter Strukturen beitragen. Visionen rücken dabei denkbare Situationen, die in der Zukunft eintreten oder aber herbeigeführt werden können, in das Zentrum von Überlegungen und Diskussionen. Eine konkrete Vision, die von einer bzw. mehreren Führungskräften vorgelebt und verkörpert werden muss, zieht motivierte Mitarbeiter an und richtet sowohl die Tätigkeit des Unternehmens als auch dessen Mitarbeiter an den vereinbarten Zielen aus. Dadurch wird selbständiges Handeln der Mitarbeiter auf allen hierarchischen Ebenen erleichtert. Voraussetzung allerdings ist, dass die visionären Ziele herausfordernd und außergewöhnlich sind *(vgl. Bleicher 1999, S. 99ff.)*.

So entspricht es gerade dem klassischen Bild des Unternehmers, dass er das Gespür und die Weitsicht für Entwicklungen auf „seinen" Märkten besitzt. Letztendlich sind es die Visionen, die einen Unternehmer vom Technokraten und Bürokraten unterscheiden. Nur wer Visionen hat, kann auf den neuen Märkten seine Wettbewerbsfähigkeit verbessern. Zur Notwendigkeit, die eigenen Prozesse schneller und effizienter zu gestalten, tritt auf Informations- und Kommunikationsmärkten die Forderung nach der Fähigkeit, das eigene Unternehmen grundlegend umgestalten, die Kernstrategien erneuern sowie die eigene Branche neu „erfinden" zu können.

Die Märkte für Dienstleistungsprodukte sind dynamisch und heterogen. Daher stehen kreative Unternehmen vor der Herausforderung, ihre Produktkonzepte marktgerecht umsetzen zu können. Der intensiven Nutzung innovativer Informations- und Kommunikationstechnologien kommt dabei eine zentrale Bedeutung zu. So verstanden es private Unternehmen der Netzebene 4 in den vergangenen Jahren, sich in verschiedenen Nischen zwischen den großen Anbietern zu etablieren. Mit ihrer Strategie verfolgten sie u.a. das Ziel, auf der Grundlage der Errichtung moderner Breitband-Kabelnetze neue Dienste und Leistungen anzubieten. Es kam zur Schaffung von „Service-Fabriken". Das Produktionskonzept der Service-Fabrik umfasst überwiegend solche Leistungen, die auf der Basis standardisierter Kundenbeziehungen ablaufen und den Kunden die Möglichkeit bieten, z.B. über elektronische Märkte einen Online-Zugriff auf Informationen, Waren und Dienstleistungen zu erlangen. Auf der Anbieterseite bilden sich neue Wertschöpfungsketten zur Organisation elektronischer Märkte, auf denen sowohl der Umsatz von Informationen als auch von Waren und Dienstleistungen beschleunigt abgewickelt wird. Die Wertschöpfungskette auf elektronischen Märkten basiert, wie bereits dargestellt, auf den Leistungen hoch spezialisierter Anbieter. So müssen die Einzelbeiträge von *Content-Provider* (Inhalte- bzw. Programmanbieter) und *Service-Provider*, Software-Produzenten, *Network-Carrier* (Telekom, mittelständische Kabelnetzbetreiber) und Hardware-/Endgeräte-Produzenten auf die Bedürfnisse der Kunden ausgerichtet und abgestimmt werden. Die logistischen Herausforderungen dieser innovativen Wertketten sind aufgrund der Koordinations- und Synchronisationsanforderungen enorm. Unterschiedliche Unternehmen sind in ihren Produkten und Prozessen, Kosten und Qualitäten aufeinander abzustimmen *(vgl. Bullinger et al. 1997, S. 76ff.)*.

Verkauf des DTAG-TV-Kabelnetzes als Standortfrage

Wertschöpfungsketten müssen als Ganzheiten betrachtet und optimiert werden

Die Wertschöpfungskette ist dabei nur so stark wie ihr schwächstes Glied. Die Effizienz dieser Märkte hängt somit von jedem einzelnen Anbieter ab. Ist nur einer der Anbieter entlang der Wertschöpfungskette in der Telekommunikation ein Monopolist, so reißen die damit verbundenen Ineffizienzen die ganze Kette (und damit die anderen Unternehmen) in die Unwirtschaftlichkeit. Die Konkurrenzfähigkeit der Leistungserstellung nimmt schweren Schaden. Unter Berücksichtigung der innerhalb einer solchen Wertschöpfungskette auftretenden Kaskadeneffekte ist es unverantwortlich, Monopolisierung bzw. Verstaatlichung zuzulassen und damit den Bestand der anderen (privaten) Anbieter zu gefährden.

3 Besonderheiten des Wettbewerbs und der Kooperation auf dem deutschen TV-Kabelmarkt

3.1 Digitales Fernsehen und der TV-Markt in Deutschland

Der TV-Markt in Deutschland gilt mit 33 Millionen Fernsehhaushalten, von denen 29 Millionen über Kabel- bzw. Satellitenanschluss verfügen, als vielfältigster sowie innovationsfreudigster Fernsehmarkt Europas. Als Besonderheit dieses Marktes fallen im Bereich des Free-TV die über 30 frei empfangbaren Sender mit ihrer hohen Übertragungsqualität ebenso ins Gewicht, wie die Tatsache, dass es sich hierbei um den weltweit viertgrößten Fernseh-Werbemarkt handelt. Mit ca. 2,4 Millionen Abonnenten weist der Markt für Bezahlfernsehen (Pay-TV) in Deutschland dagegen ein bis heute unerschlossenes, hohes Marktpotenzial auf.

Diese Situation des deutschen TV-Marktes wird mit einer Reihe von Prognosen konfrontiert, welche die Markttrends für den deutschen sowie europäischen Markt der nächsten fünf bis zehn Jahre thematisieren. So werden, nach einer Studie von *Forrester Research*, bis zum Jahre 2005 mehr Europäer über das digitale, interaktive Fernsehen ins Internet gehen als über den Online-Zugang des Computers. Damit wird das digitale Fernsehen zur interaktiven Plattform und mit potenziell 200 Millionen Fernsehgeräten in Europa das Internet vom Platz Eins der Electronic-Commerce-Plattform ablösen.

Laut einer Studie von *PricewaterhouseCoopers* sollen bis zum Jahr 2010 alle Fernsehprogramme digital ausgestrahlt werden. Hier wird die Relevanz der deutschen TV-Kabelnetze besonders deutlich: Erst nach einer entsprechenden Aufrüstung des Fernseh-Kabelnetzes (Rückkanalfähigkeit) lassen sich die digitalen Multimedia-Welten für den Endkunden erschließen. Nur so wird es möglich, zwei Drittel der deutschen Fernsehhaushalte über TV-Netze mit dem weltweiten Datennetz zu verbinden. Nahezu alle Geschäftsmodelle des digitalen Fernsehens werden erst durch die Verbindung des Internet mit dem Fernsehen realisierbar. Die

TV-Kabelnetze stellen die für diese Koppelung dringend notwendige technologische Infrastruktur zur Verfügung.

Die Vorteile des digitalen, interaktiven Fernsehens sind vielfältig: Sie reichen von einer deutlich besseren Bild- und Tonqualität (Dolby Surround, klare Farben etc.) über die inhaltliche Erweiterung durch Datendienste und interaktive Inhalte bis zu einer exakteren Zielgruppenansprache und zu kostengünstigeren Übertragungswegen. Neben dem digitalen Fernsehen werden es insbesondere Internet- und interaktive Multimediadienste (Homeshopping, Facility Management etc.) sein, die auf Basis ihrer digitalen TV-Plattformen den herkömmlichen Internetanbietern Konkurrenz machen werden.

3.2 Digitales TV in Deutschland: Wettbewerbsprobleme beim letzten Versuch

Betrachtet man die jüngere Entwicklung des digitalen Fernsehens in Deutschland, so stehen die Unternehmen Kirch, Bertelsmann und die DTAG im Mittelpunkt des Geschehens.

Die Überraschung in Deutschland war groß, als die Europäische Kommission Ende Mai 1998 die Fusionspläne zwischen Bertelsmann, Kirch und der DTAG im Pay-TV-Bereich blockierte. In zahlreichen Kommentaren war ein gehöriges Maß an Erstaunen nicht zu überhören. Hatte die Kommission mit ihrer Entscheidung etwa einen Kurswechsel eingeläutet, so fragten sich zahlreiche Kommentatoren und Marktbeobachter. Wahrscheinlich hatten sie noch die genehmigten Megafusionen in guter Erinnerung und darüber vergessen, dass es durchaus eine Reihe von Entscheidungen gab, die aus guten ökonomischen Gründen Fusionen verhindert hatten. Eine dieser Entscheidungen betraf interessanterweise das Verbot der Betreibung eines Gemeinschaftsunternehmens von Kirch, Bertelsmann und DTAG, die sog. MSG (Media Service).

Schon damals war es die Befürchtung der Kommission gewesen, dass die Umsetzung des Planes, ein Gemeinschaftsunternehmen zu gründen und zu betreiben, zu einer dauerhaften Monopolstellung im deutschsprachigen Pay-TV-Markt führen würde. Premiere war seinerzeit der einzige Anbieter von Pay-TV. Die Analysen der Kommission zielten somit auf die Frage ab, inwieweit das Gemeinschaftsunternehmen es potenziellen anderen Anbietern erschweren oder sogar unmöglich machen würde, in diesem Markt tätig zu werden.

Der Aufgabenbereich der geplanten MSG Media Service sollte Dienstleistungen rund um das Pay-TV umfassen, wie die Abonnentenverwaltung, die Abwicklung der Zugangskontrolle oder die Bereitstellung von Decodern. Auf diese Weise hätte die MSG eine erhebliche Monopolstellung aufbauen können. Die Einwendungen der Kommission zielten insbesondere auf die Eigentümerstruktur des geplanten Unternehmens ab. Gerade diejenigen Unternehmensgruppen, die jede für sich ein solches Unternehmen hätten gründen können, beabsichtigten nun sich zusammenzuschließen.

Berücksichtigt man diese Entwicklung, so ist es eher erstaunlich, dass ein zweiter Antrag auf Genehmigung der Fusion nochmals gestellt wurde. Auffällig dabei war aber, dass ein wesentlicher Unterschied zwischen dem alten und dem neuen Antrag bestand: Der Kirch-Gruppe ging es beim aktuellen Antrag finanziell deutlich schlechter. So wurde in der Tat von den beteiligten Parteien gerade die schwierige wirtschaftliche Lage von DF-1 als ein Grund für die Zusammenlegung der Pay-TV-Aktivitäten von Bertelsmann und Kirch angeführt. Ohne eine solche Verschmelzung, so die Argumentation, müsse der Sender DF-1 geschlossen werden. Dieser Aspekt stand unmittelbar vor der Entscheidung als Drohpotenzial im politischen Raum. Die Kommission hat sich davon jedoch nicht beeindrucken lassen. In der Tat hätte sie andernfalls jedem Unternehmen ein relativ einfaches Instrument in die Hand gegeben, um mit dem Hinweis auf finanzielle Schwierigkeiten fast beliebige Zusammenschlüsse genehmigen lassen zu können. Am Rande sei hier darauf hingewiesen, dass trotz der „verzweifelten Drohung" der Sender DF-1 auch Monate später immer noch existierte.

Die zentrale Gefahr für freien Wettbewerb und Anbietervielfalt beim Entstehen des digitalen deutschen Fernsehmarktes wurde lange Zeit darin gesehen, sich entlang der Vertriebs- bzw. Wertschöpfungsstufen zusammen zu schließen, gesehen. Fast überall dort, wo das digitale Fernsehen eingeführt wurde, ließen sich horizontale und vertikale Zusammenschlüsse sowie Joint-Ventures beobachten. So kamen in Deutschland mit Bertelsmann, Kirch und der DTAG Unternehmen in einem geplanten Joint-Venture zusammen, die auf den verschiedenen Stufen der potenziellen Vertriebskette digitaler Fernsehprogramme präsent waren. Wie die Kommission richtig erkannte, resultierte hieraus eine starke Stellung der beteiligten Parteien auf den vor- und nachgelagerten Märkten:

- mit der DTAG und ihrem Breitbandkabelnetz,
- mit der Beteiligung von Bertelsmann und Kirch an dem zur Zeit des Zusammenschlusses einzigen digitalen TV-Kanal (Premiere) in Deutschland sowie
- mit deren Ausnahmestellung beim Zugang zu Programminhalten.

Dabei hätten die Programmvorräte von Bertelsmann und Kirch unausweichlich zu einem sog. „Ansaugeffekt" geführt. Dieser beruht auf der Logik des (digitalen) Fernsehens, dass diejenigen Diensteanbieter eine herausragende Stellung einnehmen werden, welche die meisten und attraktivsten Programme anbieten können. Die Kommission misstraute aber auch der DTAG. So konnte sie nicht davon ausgehen, dass diese ihre digitalen Kapazitäten neutral und diskriminierungsfrei zur Verfügung stellen würde. Vielmehr war davon auszugehen, dass sie ihr Netz ausschließlich im Hinblick auf die Interessen der mit ihr verbundenen Programmanbieter vergeben würde. Durch die vertikale Verbindung mit Bertelsmann und Kirch als Programmanbieter fand die Kommission darüber hinaus auch die marktbeherrschende Stellung der DTAG auf dem Markt für Fernsehkabelnetze in nicht hinnehmbarer Weise verstärkt. Es hätte die Gefahr bestanden, dass konkurrierende Kabelnetzbetreiber nach einer vollständigen Liberalisierung des Kabelnetzmarktes keine attraktiven Programminhalte von den führenden Pay-TV-Anbietern Bertelsmann und Kirch mehr bekommen hätten. Hiermit wäre ihnen aber von vorne herein die Möglichkeit genommen worden, mit attraktiven Programmpaketen in Konkurrenz zur DTAG zu treten.

3.3 Aktuelle Besonderheiten des digitalen Fernsehmarktes in Deutschland

Mit dem digitalen Fernsehmarkt ist die große Chance der erfolgreichen Erschließung neuer Inhalte für die Konsumenten verbunden. Neben Bild, Ton und Teletext erschließt sich eine neue Gestaltungsebene, die es dem Konsumenten erlaubt, Fernsehinhalte „interaktiv" werden zu lassen sowie multimedial zu verknüpfen. Dies bedeutet, dass der Zuschauer beispielsweise im Rahmen von Spielesendungen am TV-Bildschirm mitspielen oder bei Werbesendungen E-Commerce-Anwendungen nutzen kann.

Der Übergang zu einer derart professionellen Gestaltung interaktiver Fernsehangebote sowie der damit möglichen Erschließung neuer, digitaler Erlebniswelten war bisher aufgrund unterschiedlicher Benutzeroberflächen sowie Besonderheiten bei den Empfangsgerätetypen für ein breites Publikum nicht realisierbar. Vor diesem Hintergrund wird für den digitalen Fernsehmarkt in Deutschland immer lauter eine einheitliche Multimedia-Plattform gefordert.

Der Hauptaspekt der Veränderungen, die mit der Digitalisierung des Fernsehens einhergehen, ist in der Vervielfältigung der Fernsehkanäle sowie im Angebot neuer Fernsehdienste mit zunehmender Interaktivität zu sehen. Die neuen mit Hilfe der Digitalisierung angeboten Dienste stellen einen wirklichen Mehrwert dar, der sich in der Möglichkeit für den Zuschauer realisiert, aktiv bei der Programm- oder Produktwahl teilzunehmen.

Set-Top-Box als zentrales technisches Gerät für die Veranstaltung „Digitales Fernsehen"

Das zentrale technische Gerät, über das sich zumindest in den nächsten Jahren die Veranstaltung „digitales Fernsehen" und damit die Realisierung der Kundenmehrwerte vollziehen lässt, ist die sog. *Set-Top-Box*. Hoch entwickelte Set-Top-Boxen könnten als Verbindungsglied zwischen den verschiedenen elektronischen Geräten, PC, Fernsehen, Videorecorder, Telefon und Faxgerät zum Zentrum der Multimedia-Welt werden (vgl. Abb. 25).

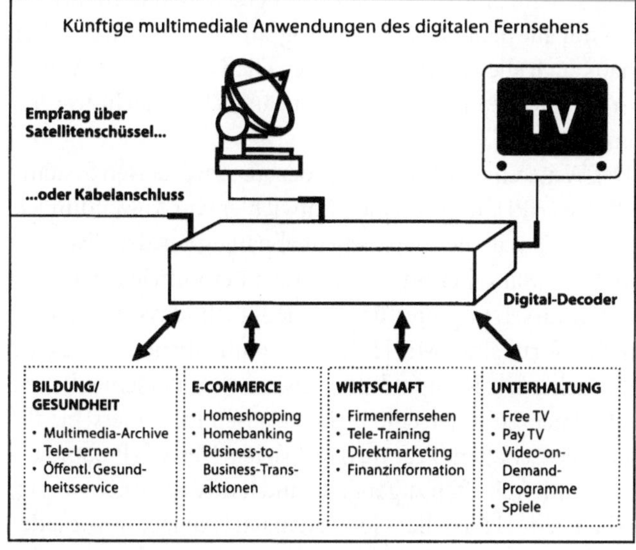

Abb. 25 Die Set-Top-Box als Portal zur Multimediawelt

Mit der Set-Top-Box-Frage eng verknüpft ist die oben angesprochene Problematik des Findens und der Einigung auf einen einheitlichen technischen Standard für das digitale Fernsehen. Dabei wird diese Frage durchaus uneinheitlich diskutiert: In Deutschland werden immer wieder Stimmen laut, die jede Verpflichtung zur Schaffung eines einheitlichen Standards für Deutschland als nationalen Alleingang kritisieren und auf die paneuropäischen Betreiberstrukturen als dem „Makrotrend" des Kabelmarktes verweisen. Diese Kritik zielt auf eine konkrete aktuelle Entwicklung, die unter dem Schlagwort „MHP-Standard" eine Festlegung auf einen konkreten Standard in Deutschland fordert. Hintergrund dieser Kontroverse sind folgende Entwicklungen:

Mit der Zusammenlegung von technischen und administrativen Diensten kommt es im digitalen Fernsehmarkt zu einer digitalen Veranstalterplattform. Kommunikation sowie Interaktion mit den Fernsehkunden muss dabei über eine spezifische Software erfolgen, die sich üblicherweise im Endgerät befindet und mit der die konkret angebotenen Dienste abgestimmt sein müssen. Es bedarf somit eines *Application Programming Interface (API)*, welches Funktionalitäten zur Darstellung von Schrift und Bildern sowie zur Interaktion zur Verfügung stellt. Diesen Fakten Rechnung tragend, wurde die *Multimedia-Home-Plattform (MHP)* entwickelt. Ziel dieser Plattform ist es, einen gemeinsamen Standard für alle digitalen Anwendungen zu etablieren. Mit MHP sollten die technologischen Voraussetzungen dafür geschaffen werden, dass nicht nur alle heutigen Fernsehprogramme, sondern darüber hinaus auch alle zukünftigen neuen Dienste von allen Anbietern auf allen Empfangsgeräten zugänglich gemacht werden können.

Des Weiteren würde es mittels der standardisierten Systemsoftware (API) möglich, dass Entwickler von Anwendungen und/oder Zusatzdiensten diese unabhängig von den diversen, bereits im Markt befindlichen Endgeräten entwickeln könnten. Voraussetzung hierfür wäre lediglich, dass diese standardkonform sind. Mit Hilfe eines einheitlichen Standards ließe sich auch Kompatibilität zwischen unterschiedlichen Plattformen zu unterschiedlichen Preisen mit unterschiedlichen Eigenschaften (Features) realisieren. Der MHP-Standard wäre damit frei, offen zugänglich und hardware-unabhängig, weshalb jeder Hersteller Geräte danach erzeugen sowie jeder Programmanbieter Inhalte danach anbieten könnte. Die

Endkunden könnten mit Hilfe einer MHP-tauglichen Set-Top-Box alle multimedialen und interaktiven MHP-Anwendungen nutzen.

Befürworter einer zügigen Einführung von MHP in Deutschland verweisen auf die herausragende Bedeutung, die technologische Standards in der „digitalen Ökonomie" zur schnellen Markterschließung und Marktexpansion besitzen. In der Informationsgesellschaft wären zum Beispiel internationale Telefongespräche ohne entsprechende „Technologiestandards" genauso undenkbar wie die weltweite Nutzung des Internet als Kommunikationsplattform.

Analoges gilt für die Verbreitung und Nutzung des digitalen Fernsehens: Die Mehrwerte des interaktiven Fernsehens lassen sich erst nach der Einführung sowie Umsetzung eines entsprechenden Standards erschließen. Der MHP-Standard repräsentiert ein mögliches einheitliches technisches System, das sich zur Zeit weltweit durchzusetzen scheint. Für das digitale Fernsehen in Deutschland würde die Etablierung und Verwendung eines Standards, zum Beispiel der MHP, einen wesentlichen Fortschritt bedeuten, da die Entwicklung hierzulande bisher durch proprietäre Technologien und damit stark begrenzte Zuschauerzahlen gekennzeichnet war.

Kritische Stimmen zu MHP monieren, dass zahlreiche Netzbetreiber bereits erhebliche Kosten für die Entwicklung eigener Plattformen investiert haben, die nun zu versunkenen Kosten werden könnten. Ebenso muss angemerkt werden, dass MHP nach wie vor weiterentwickelt werden muss. Die EU verweist darauf, dass eine Intervention nicht erzwungen werden kann, es sei denn, in den nächsten drei Jahren werde kein freiwilliger Fortschritt bei der Standardisierung erzielt. Wenn bis zu diesem Zeitpunkt keine ausreichende Interoperabilität bzw. Kundenwahl erfolgt ist, kann die Kommission ermächtigt werden, MHP vorzuschreiben, jedoch nur aufgrund einer öffentlichen Konsultation und der Genehmigung durch eine Mehrheit der EU-Telekommunikationsminister. Kurzum, MHP könnte frühestens Ende 2004 europaweit vorgeschrieben werden.

Neben der Standardisierung gibt es Tendenzen zu einer vertikalen Integration, die im Rahmen der Einführung des digitalen Fernsehens immer wieder und allerorts zu Tage treten. Dabei sind es technologische Entwicklungen, d.h. insbesondere die Konvergenzprozesse zwischen verschiedenen Industrien, wie Fernsehen und Telekommunikation oder allgemein zwischen Technik und Inhalt, welche diese Entwicklung auslösen. Strategien der vertikalen Integration vollziehen sich in der Fernsehbranche vor dem Hintergrund der im Folgenden allgemeingültig skizzierten Wertschöpfungskette *(vgl. Burr 2001, S. 337)*:

- Entwicklung sowie Produktion von Film- und Fernsehstudio-Equipment, TV-Geräten und Set-Top-Boxen; hierbei handelt es sich um die *Hardware* der Fernsehindustrie;
- Produktion von Filmen, Shows, Serien, Nachrichten etc.; mit diesen Punkten ist der *Content* angesprochen;
- Handel mit Film-, Serien- und Sportübertragungsrechten sowie mit Informationen, die insbesondere der Nachrichtenzulieferung dienen *(Trading)*;
- Vertrieb von TV-Programmen über Fernsehnetze und Fernsehsender *(Distribution)*;
- Programmführer, die in Form von Programmzeitschriften bzw. interaktiven, elektronischen TV-Guides wertvolle „Orientierungs"- bzw. „Navigationshilfen" für den Konsumenten zur Verfügung stellen *(Program Guides)*.

Mit der Übernahme eines Großteils des DTAG-TV-Netzes durch Liberty Media steht ein in den USA bereits seit längerem erkennbarer Trend im Mittelpunkt der öffentlichen Diskussion: der Filmrechtehandel wird mit der Filmdistribution innerhalb eines einzigen Unternehmens vertikal integriert. Ein zentrales Motiv vertikaler Integration wird vor diesem Hintergrund im erleichterten Zugang von Fernsehsendern zu benötigten Programminhalten bzw. in der Sicherung von Distributionskanälen für produzierte Inhalte und Programme gesehen. Mit Hilfe der vertikalen Integration kann eine bessere Koordination von Inhalteproduktion und Inhaltedistribution realisiert und damit die gesamte Wertschöpfungskette schneller und besser an den Werbekunden sowie den Endkunden ausgerichtet werden *(vgl. Burr 2001, S. 339)*.

Überlebensfähig scheint in der globalisierten TV-Branche nur jener zu sein, der über genügend Inhalte sowie über die zur breiten Verteilung dieser Inhalte und Dienste notwendigen Distributionswege verfügt. Dies alles setzt zwangsläufig eine entsprechende Unternehmensgröße und Finanzkraft voraus.

Neben diesen Erklärungen, welche die potenziell positiven Effizienzaspekte der vertikalen Integration betonen, existieren allerdings auch kritische Stimmen. Sie sehen in einer vertikalen Integration den Versuch, sich Kontrolle über monopolistische Ressourcen zu verschaffen. Derartige Ressourcen können exklusive Filmrechte oder knappe Sendefrequenzen sein. Mit der vertikalen Integration wird, so die Befürchtung, das alleinige Ziel verfolgt, Konkurrenten im Wettbewerb zu benachteiligen und Unternehmensentscheidungen ohne Rücksicht auf den Endkunden treffen zu können. Allerdings besitzt die Argumentation der knappen Sendefrequenzen nur im Rahmen der Fernsehdistribution auf der Basis analoger TV-Technik ihre Gültigkeit. Im Falle des digitalen Fernsehens stehen umfassendere Kapazitäten zur Verfügung. Auch die mit der vertikalen Integration assoziierte Vorstellung von Marktmacht und Monopol muss relativiert werden. So ist die vertikale Integration eines Unternehmens der TV-Branche letztlich nur ein Mittel, um eine ebenbürtige Verhandlungsposition gegenüber anderen, ebenfalls vertikal integrierten TV-Unternehmen einzunehmen *(vgl. Burr 2001, S. 353)*.

Am Aufbau des multimedialen Wertschöpfungsnetzes für das digitale Fernsehen sind entlang der Wertkette und der unterschiedlichen Netzebenen zahlreiche Akteure beteiligt. Die Aufrüstung des TV-Kabelnetzes macht auf allen Ebenen sowohl strategische Investitionen als auch innovative Geschäftsmodelle notwendig, die jedoch mit allen anderen „Spielern" frühzeitig abgestimmt sowie vertraglich abgesichert werden müssen. Erforderlich werden hier sachlich sowie zeitlich abgestimmte Investitionsentscheidungen über die Aufrüstung der Netze sowie bindende Verträge im Hinblick auf die zu tätigenden Investitionen, die zu erwartenden Erlöse sowie die Risikoaufteilung zwischen den Kooperationspartnern *(vgl. Schrape 2000, S. 4f.)*.

Bereits hier wird deutlich, dass man den beiden internationalen Käufern des DTAG-TV-Kabelnetzes mit Sicherheit nicht gerecht wird, wenn man ihnen von vornherein oligopolistische oder monopolistische Verhaltensweisen unterstellt. Der deutsche TV-Kabelmarkt stellt sich gerade auch in wettbewerblichen Fragen sehr differenziert dar und vereinigt gleichzeitig Harmonisierungsnotwendigkeiten sowie Wettbewerbsbeziehungen zwischen den Hauptakteuren.

Der digitale Fernsehmarkt zwischen Kooperation und Wettbewerb: „Coopetition"

So wird der digitale Fernsehmarkt zum einen von Anreizen in Richtung vertikaler Integration bzw. gegenseitiger Abstimmung (Harmonisierung) sowie zum anderen zweifelsohne auch durch die Notwendigkeit zu kunden- und innovationsorientiertem Wettbewerb beherrscht. Eine mögliche Lösung dieses Konfliktes für alle Beteiligten bietet das Konzept der *Coopetition*.

3.4 Zur notwendigen Koexistenz von Kooperation und Konkurrenz im digitalen Zeitalter

In ihrem Buch „*Coopetition – kooperativ konkurrieren*" fordern die amerikanischen Ökonomen Barry Nalebuff und Adam Brandenburger eine neue Geisteshaltung gegenüber den Begriffen Zusammenarbeit und Wettbewerb *(vgl. Nalebuff et al. 1996)*. Im Geschäftsleben, so ihre These, steht Kooperation immer dann im Vordergrund, wenn es um das Backen eines Kuchens, d.h. um die Erschließung eines Marktes, geht. Wettbewerb ist ihrer Meinung nach dann gegeben, wenn es um die Aufteilung des Kuchens, d.h. um die Gewinnung von Marktanteilen, geht. Vor dem Hintergrund dieser Erkenntnis wird von den Unternehmen die Bereitschaft und Fähigkeit gefordert, gleichzeitig konkurrieren und kooperieren zu können. Die Zusammenführung und Verschmelzung der englischen Worte „*Cooperation*" für Kooperation und „*Competition*" für Konkurrenz ergibt den Begriff „*Coopetition*" *(vgl. Nalebuff et al. 1996, S. 16f.)*.

Welche Konsequenzen hat es aber, wenn es einerseits zu Kooperation beim Backen des Kuchens und auf der anderen Seite zu Konkurrenz bei seiner Verteilung kommen soll?

Will man einen Markt erfolgreich erschließen, ist es notwendig, sich Gedanken darüber zu machen, wer in diesem Rahmen eine Rolle spielt. Da gibt es zunächst die Kunden sowie die Lieferanten, ohne die erfolgreiche Geschäftsbeziehungen unmöglich wären. Selbstverständlich bilden auch die Konkurrenten eine wesentliche Kategorie von Mitspielern. Sie beleben bekanntlich das Geschäft, indem sie das einzelne Unternehmen dazu zwingen, effizientere Strategien, niedrigere Preise, bessere Qualitäten einzusetzen, um sich gegen die Wettbewerber behaupten zu können. Sind damit alle relevanten Spieler genannt, die im Rahmen der Erschließung eines neuen Marktes eine wichtige Rolle spielen können?

Bedeutung von Komplementoren

Nein, nicht ganz. Es existiert noch eine oftmals übersehene, aber nicht minder wichtige Gruppe von Mitspielern in einem Markt: diejenigen, die ergänzende statt konkurrierende Produkte und Dienstleistungen anbieten, die sog. Komplementoren *(vgl. Nalebuff et.al. 1996, S. 29)*.

Beispiele für komplementäre Produkte oder Dienstleistungen sind Würstchen und Senf, Rotwein und Reinigungsgeschäfte, Fernsehshows und Programmzeitschriften, Kabelnetze und digitales Fernsehen. Komplementäre Produkte ergänzen sich stets zu gegenseitigem Nutzen, was am Beispiel der Einführung des digitalen Fernsehens deutlich wird: Je besser die technologische Ausstattung der Kabelnetze ausfällt, desto eher kann digitales Fernsehen darüber angeboten werden. Je mehr digitales Fernsehen angeboten werden kann, desto stärker steigt der Bedarf an hochleistungsfähigen, rückkanal-tauglichen Kabelnetzen. Je besser die multimediale Anbindung von Wohnungen ausfällt, desto höher ist deren Wert und desto höher ist auch der Nutzen, den ein Mieter daraus ziehen kann. Eine starke Nachfrage nach multimedialen Diensten innerhalb der Wohnung begünstigt die Entwicklung modernster Kabelnetzanbindungen.

Komplementäre Produkte beim digitalen Fernsehen

Mit dem Wissen um die zentrale Bedeutung von komplementären Leistungen lassen sich auch manche geschäftlichen Misserfolge erklären. So hatten es Alfa Romeo und Fiat in den USA besonders schwer, Kunden für ihre Fahrzeuge zu finden. Die Ursache dafür war, dass sich die potenziellen Kunden über die Schwierigkeiten im Klaren waren, in den USA an Ersatzteile sowie an qualifizierte, an den Modellen ausgebildete KFZ-Mechaniker heranzukommen. Es überrascht somit wenig, dass beide Unternehmen mittlerweile aus dem US-Markt ausgestiegen sind. Der Betamax-Videorecorder von Sony, obwohl den VHS-Recordern technisch in einigen Punkten deutlich überlegen, scheiterte ebenfalls, was sich auf einen Mangel an ausleihbaren Filmen in Betamaxtechnik zurückführen lässt *(vgl. Nalebuff et al. 1996, S. 26)*.

Komplementor Wohnungswirtschaft

Will man unterstellen, dass in Zukunft gerade auch die multimedialen Zusatzleistungen einer Wohnung einen zentralen Vermietungsaspekt darstellen, so erkennt man klar das Erfolgs- oder Misserfolgspotenzial komplementärer Leistungen; in diesem Falle zwischen Multimedia-Techniken und Wohnungswirtschaft.

In Ergänzungen zu denken, heißt anders über das Geschäft zu denken. Es geht darum, Strategien zur Vergrößerung des Kuchens respektive des Marktes zu finden, anstatt nur mit Konkurrenten um einen Kuchen bzw. Markt hingenommener Größe zu streiten. Will ein Unternehmen der Wohnungswirtschaft die Zahl seiner zufriedenen Mieter vergrößern, so muss es seinen Mietern bzw. potenziellen Mietern deutlichen Zusatznutzen garantieren. Gleichsam am einfachsten und kostengünstigsten gelingt dies, in dem neue komplementäre Leistungen entwickelt oder bisherige erschwinglicher gemacht werden.

In der Spieltheorie wird ein Geschäft als Spiel interpretiert. Folgt man diesem Ansatz, so ist zu fragen, wer die Spieler und was deren Rollen sind. Spieler sind, wie bereits dargelegt, die Kunden, Lieferanten und Konkurrenten sowie die Anbieter von Komplementen, welche ergänzende Produkte und Dienstleistungen verkaufen. Alle vier Arten von Spielern – Kunden, Lieferanten, Konkurrenten und Komplementoren – stehen dabei in gegenseitiger Abhängigkeit zueinander. Die Konzentration auf nur eine Art Spieler oder auf nur eine Art von Beziehung kann daher stellenweise blind machen. Es ist aber gerade die Betrachtung des ganzen Bildes, welche viele neue strategische Chancen offenbart. Das Spiel lässt sich als ein Wertenetz darstellen, welches alle Spieler sowie deren gegenseitige Abhängigkeiten zeigt *(vgl. Nalebuff et. al. 1996, S. 28ff. sowie Abb. 26)*.

Geschäftsbeziehungen als Wertenetz

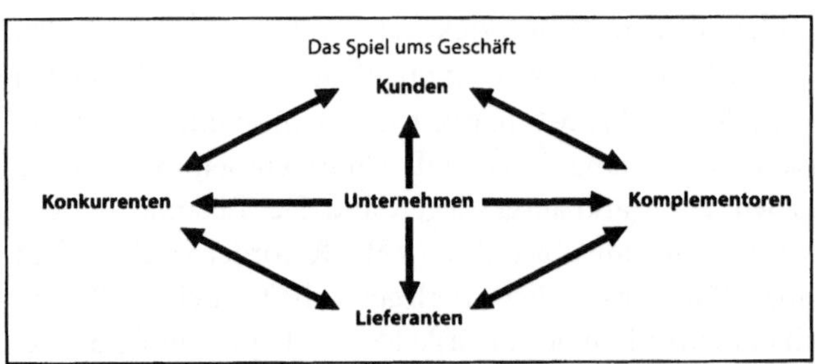

Abb. 26 Das Wertenetz

Entlang der vertikalen Dimensionen des Wertenetzes sind die Kunden und Lieferanten eines Unternehmens verortet. Ressourcen bzw. Realgüter wie Rohstoffe und Arbeitskräfte fließen auf der einen Seite von den Lieferanten ins Unternehmen hinein. Auf der anderen Seite nehmen Produkte und Dienstleistungen ihren Weg vom Unternehmen zu den Absatzmärkten bzw. Kunden. Gelder bzw. Nominalgüter fließen in die jeweils umgekehrte Richtung, d.h. von den Kunden ins

Unternehmen und vom Unternehmen zu den Lieferanten *(vgl. Nalebuff et al. 1996, S. 29)*.

Entlang der horizontalen Dimension des Wertenetzes sind sowohl die Konkurrenten als auch die Komplementoren des Unternehmens zu finden. Komplementoren wollen wir wie folgt definieren: *„Ein Spieler ist Ihr Komplementor, sofern Kunden Ihr Produkt höher[10] bewerten, wenn Sie das Produkt des anderen Spielers haben, als wenn Sie nur Ihr Produkt alleine haben" (Nalebuff et al. 1997, S. 31)*.

So sind beispielsweise Meika und Kühne Komplementoren, da ein Großteil der Konsumenten Würstchen lieber mit Senf essen als ohne die gelbliche Creme. Auf der anderen Seite essen die Menschen Senf lieber zusammen mit einem Würstchen als pur. Um Komplementoren zu finden, muss man als Unternehmen die Perspektive des Kunden einnehmen und sich fragen: Was könnten die Kunden zusätzlich kaufen, damit mein Erzeugnis in ihren Augen noch wertvoller wird *(vgl. Nalebuff et al. 1996, S. 29)*?

Vor diesem Hintergrund ist zu fragen, wer Komplementor im (digitalen) Fernsehmarkt ist *(vgl. Abb. 27, in Anlehnung an Gries 1998, S. 302)*?

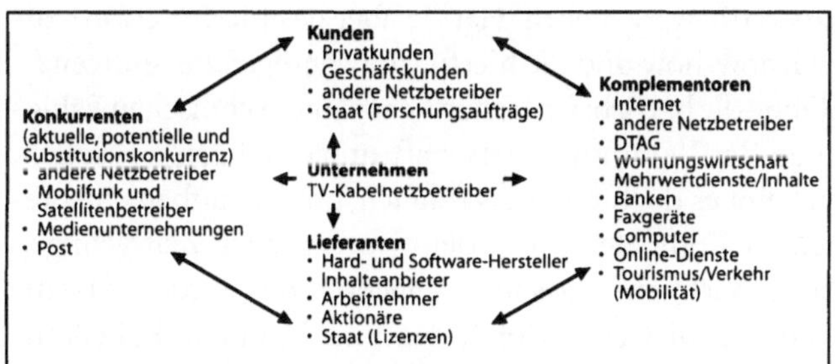

Abb. 27 Das Wertenetz der TV-Kabelnetzbetreiber

Zum Verhältnis Programmanbieter/ TV-Kabelnetzbereiber

Grundsätzlich arbeiten sowohl Programmanbieter als auch TV-Kabelnetzbetreiber an der Frage, wie Menschen in Zukunft miteinander kommunizieren und an Informationen herankommen können.

Wir haben es hier wiederum mit verschiedenen Branchen, nämlich der Unterhaltungs-Informationsindustrie sowie der TV-Kabelnetzbetreiber-Branche, aber mit nur einem Markt

10 Hervorhebung im Original.

zu tun. Folgt man der Logik des Wertenetzes, so lässt sich feststellen: Gerade private Kabelnetzbetreiber bzw. Betreiber der Netzebene 4 benötigen gute und vielfältige Inhalte, um Abonnenten für Kabelnetzanschlüsse zu akquirieren und an sich zu binden. Programmveranstalter benötigen dagegen Zugang zu den Kabelabonnenten, um durch eine entsprechende Verbreitung wettbewerbsfähig zu bleiben.

Programmanbieter und TV-Kabelnetzbetreiber als wichtige Komplementoren für die Wohnungswirtschaft

Programmanbieter und Kabelnetzbetreiber sind gemeinsam auch wichtige Komplementoren für die Wohnungswirtschaft. Um diese These zu begründen stelle man sich vor, die Wohnungswirtschaft würde die „Last Mile“ vom Übergabepunkt bis zum Endverbraucher selbst betreiben. Was bisher Geschäftsbereich privater Kabelnetzbetreiber war, würde von der Wohnungswirtschaft „ingesourct“. Bei einer isolierten Betrachtung des digitalen Marktes mag eine derartige Strategie aus der Perspektive der Wohnungswirtschaft erstmals betriebswirtschaftlich sinnvoll erscheinen. Unterstellt man allerdings, dass die Wohnungswirtschaft im Kabelbereich keine Kernkompetenzen besitzt, so wird sich diese Strategie im Wettbewerb mit etablierten Kabelunternehmen als falsch erweisen. Befindet sich die Wohnungswirtschaft im Kabelfernsehgeschäft, so muss sie sich dem mit hoher Wahrscheinlichkeit aufkommenden heftigen Preis- und Qualitätswettbewerb stellen. Hat sie aber das hierfür erforderliche Know-how und die hierfür notwendigen Ressourcen?

Wo liegt das Kerngeschäft der Wohnungswirtschaft?

Ohne die betriebswirtschaftlichen und technischen Fähigkeiten der Wohnungswirtschaft unterschätzen zu wollen, erscheint es doch mehr als fraglich, ob der Aufbau entsprechender Kompetenzen in der erforderlichen Zeit gelingen könnte. Vielmehr muss sogar angenommen werden, dass die Wohnungswirtschaft durch den Eintritt in den Kabelfernsehmarkt ihr eigenes Kerngeschäft gefährdet, denn die Mieter werden es mit Sicherheit nicht honorieren, wenn ihnen technologisch sub-optimale Ausstattung in Verbindung mit vergleichsweise hohen Preisen angeboten wird. Mehr als anderswo gelten Kernkompetenzen auf hoch technologisierten Märkten als strategischer Erfolgsvorteil. Kernkompetenzen sind allerdings das Ergebnis jahre- bzw. oftmals jahrzehntelanger Erfahrungen.

Wenn die Strategie der Wohnungswirtschaft auch im Kleinen betriebswirtschaftlich vernünftig und unternehmerisch ambitioniert erscheint, so stellt sie im großen Zusammenhang betrachtet einen entscheidenden Fehler dar. Der Wohnungswirtschaft fehlt in einem solchen Fall die Einsicht in das „größere Spiel". Um erfolgreich zu sein, müssen die zukünftigen Marktreaktionen - und diese werden in erster Linie über Preis- und Qualitätsreaktionen ablaufen - vorhergesehen werden. Verfügt die Wohnungswirtschaft über diese Voraussicht, wird sie einsehen, dass es ihr im Status Quo eindeutig besser geht. Die Betreiber der Netzebene 4 als Komplementoren der Wohnungswirtschaft haben die Erfahrung und die Marktkenntnis, um in hart umkämpften Wettbewerbsmärkten zu bestehen. Die hier realisierten Preis- und Qualitätsvorteile kommen den Kunden bzw. Mietern zugute. Diese werden es der Wohnungswirtschaft danken, dass sie über die Zusammenarbeit mit den richtigen Komplementoren den Wohnwert ihrer Immobilien zu steigern vermag.

TV-Kabelnetzbetreiber als kompetente Partner für die Wohnungswirtschaft

Darüber hinaus ist zu vermuten, dass die Wohnungswirtschaft aufgrund mietrechtlicher Vorgaben überhaupt nicht in der Lage wäre, die Wohnungen kurzfristig technologisch auf den neuesten Stand zu bringen. Die technische Aufrüstung ihrer Immobilien zu multimedia-tauglichen Wohneinheiten würde für die Mieter eine deutlich höhere Kostenbelastung in Form einer „Modernisierungsumlage" bedeuten. Lediglich im Falle einer vollständigen Akzeptanz dieser Umlage durch alle Mieter, würde die zusätzliche Kostenbelastung pro Wohneinheit akzeptabel ausfallen. Realistischerweise kann hiervon jedoch nicht ausgegangen werden. Die Wohnungswirtschaft würde in diesem Falle zu einer Innovationsbremse im Hinblick auf den technologischen Wandel im häuslichen Bereich werden.

Im Gegensatz zur Wohnungswirtschaft gehen private Netzbetreiber bei ihren Erneuerungsinvestitionen nicht von einer hundertprozentigen Akzeptanz der Mieter aus. Vielmehr finanzieren sie die technologische Aufrüstung der Wohneinheiten vor, um dann mit ihrem Marketing-Know-how und „langem Atem" die erforderliche Akzeptanz zu schaffen. Auch in diesem Punkt verfügen die Betreiber der Netzebene 4 über einen deutlichen Kompetenzvorteil, den sich die Wohnungswirtschaft in ihrem eigenen Interesse erschließen sollte.

TV-Kabelnetzbetreiber und DTAG als mehrwertschaffende Komplementoren: „Coopetition"

Private Betreiber der Netzebene 4 und die DTAG sind ebenfalls Komplementoren. Beide können gegenseitigen Mehrwert schaffen. Mit dem Konzept des Mehrwertes wird hier gemessen, was jedes einzelne Unternehmen in einen Markt einbringt. Die DTAG sollte sich fragen, welche Produkte oder Leistungen anderer Unternehmen der Kunde besitzen bzw. kaufen sollte, damit ihre Dienste und Produkte für ihn (noch) wertvoller werden. Ein hochmodernes, von privaten Unternehmen erneuertes TV-Kabelnetz bietet der DTAG bessere Möglichkeiten, ihre Dienste, Leistungen und Endgeräte zu vermarkten. Ob es sich dabei um Faxgeräte, Telefongeräte, Internet-Zugänge oder Modems handelt: Je besser, d.h. je moderner und leistungsfähiger die Netzinfrastruktur ausfällt, desto mehr Möglichkeiten bietet das Netz den Konsumenten. Hiervon wird die DTAG direkt profitieren: es erhöht sich die Nachfrage nach Produkten und Leistungen, mit Hilfe derer das moderne Netz in effizienter Weise genutzt werden kann.

Private Kabelnetzbetreiber und die DTAG sind in diesem Geschäft quasi „natürliche Verbündete". Private TV-Kabelnetzbetreiber ergänzen durch die wettbewerbsbedingten hohen Investitionen in das TV-Netz das Geschäft der DTAG. Umgekehrt ziehen die Kabelnetzbetreiber Vorteile aus den Produkten und Möglichkeiten, welche die DTAG auf ihrem Netz zugunsten der Kunden realisiert. Erkennt man auf Seiten der DTAG die komplementären Beziehungen zwischen den eigenen Produkten und dem technologischen Zustand des TV-Kabelnetzes, so wird man ein vitales Interesse daran haben, innovative private Unternehmen zum Zuge kommen zu lassen.

Ein charakteristisches Merkmal der modernen Informations- und Kommunikationsmärkte muss in der Komplexität des herrschenden Beziehungsgeflechtes gesehen werden. Fast jede Geschäftsbeziehung ist hier sowohl durch kooperative als auch durch kompetitive Elemente gekennzeichnet. Mit der kurzsichtigen Einstellung „entweder entscheidet man sich für uns oder für die Konkurrenz", wird versäumt, Ergänzungen in Betracht zu ziehen. Wenn ein Kunde ein komplementäres Produkt bzw. eine komplementäre Leistung kauft, so steigert dies die Wahrscheinlichkeit, dass er auch ein Produkt bzw. die Leistung eines anderen Unternehmens kaufen wird. Die Berücksichtigung dieser Zusammenhänge ist vor allem bei einer starken Abhängigkeit der eigenen Geschäftstätigkeit von Umfang und Zustand der Ressourcen anderer Unternehmen von herausragender Bedeutung. Im vorliegenden Beispiel ist die Ressource das technologisch hochwertige Netz, das den Verkauf von DTAG-Produkten bzw. -Leistungen befördern oder behindern kann. Ist sich die

DTAG dieser Zusammenhänge bewusst, so kann sie gerade mit Hilfe (in Kooperation) mit innovativen Unternehmen neue Märkte erschließen und/oder in angestammten Märkten expandieren. Die Realisierung dieser für beide Seiten vorteilhaften Vorgehensweise setzt aber die Bereitschaft auf beiden Seiten voraus, die strategischen Konzepte zu koordinieren, sie aufeinander abzustimmen.

Innerhalb dynamisch wachsender Industrien sind Kooperation und Koordination nicht mehr länger zwei von mehreren Strategiealternativen. Die beiden Handlungsweisen bilden vielmehr die entscheidende Voraussetzung für die Erzielung nachhaltiger Wettbewerbsvorteile. Hierfür lassen sich die folgenden Gründe nennen:

- Erst eine Konzentration auf Kernkompetenzen schafft für die Unternehmen die Voraussetzung für den Ausbau der Spezialisierung. Die Verbindung dieser Kernkompetenzen führt im Rahmen einer Kooperationsbeziehung langfristig zu erhöhtem Kundennutzen.

- Durch die im Rahmen einer Kooperation unweigerlich gegebene Risikoteilung verringert sich die Unsicherheit für die einzelnen Unternehmen in den von hoher Dynamik und Komplexität geprägten Unternehmen in nicht unerheblichen Maße.

- Innerhalb der „Koordinations-Partnerschaft" entsteht ein fruchtbares Zusammenspiel von Wettbewerb und Partnerschaften *(Coopetition)* zum Vorteil für die Kunden.

Konkurrenzbeziehungen im Rahmen der Coopetition

Neben der Koordination stehen im Konzept der „Coopetition" aber auch die Konkurrenzbeziehungen gleichwertig im Mittelpunkt der Betrachtung. Bei den oben skizzierten Zugangsproblemen zum digitalen Fernsehen sind zwei Ebenen zu unterscheiden. Die erste Ebene bezieht sich auf den Zugang zu den Übertragungswegen, wie Satellitensystemen und Kabelnetzen. Die zweite Ebene nimmt Bezug auf den für das digitale Fernsehen spezifischen Zugang zu der Set-Top-Box-Infrastruktur. Wettbewerbliche Strukturen sind hier insbesondere im Hinblick auf einen diskriminierungsfreien Zugang privater Netzbetreiber zur digitalen Plattform zu fordern. Dies setzt bei Bedarf entsprechende Regulierungsmaßnahmen voraus.

Der digitale Fernsehmarkt bedarf dringend des Wettbewerbs, damit sich Innovationen und Preissenkungen zum Wohle des Kunden durchsetzen können. Es bedarf zu seiner erfolgreichen Erschließung aber auch der Kooperation zwischen Partnern, die sich in einem freien Wettbewerb erfolgreich durchsetzen konnten und deren Position sich durch die Möglichkeit freien Marktzutritts niemals marktbeherrschend auswirken kann.

4 Die Bedeutung des Kabelfernsehmarktes für die Entwicklung und Etablierung von Multimedia in Deutschland

4.1 Der Markt für Fernsehkabel in Deutschland – Die Ausgangssituation

Will man die zahlreichen Chancen nutzen, die das Kabelfernsehen bietet, so müssen eine Reihe von Veränderungen auf dem deutschen Kabelfernsehmarkt vollzogen werden *(vgl. zu den folgenden Ausführungen Schrape et al. 1999 sowie Schrape 2000)*.

Kapazitätsknappheit im Kabel

Zum einen gefährdet die technisch bedingte Kapazitätsknappheit im Kabel dessen Wettbewerbsfähigkeit insbesondere gegenüber dem Satelliten-Direktempfang. Derzeit garantiert ein Breitbandkabelanschluss die geforderte Informationsfreiheit, so dass ein Vermieter die Installation einer individuellen Satelliten-Empfangsanlage einem Mieter verwehren kann. Es ist allerdings völlig offen wie lange einem Vermieter diese Möglichkeit noch offen stehen wird.

Verschiedene Netzebenen

Zum anderen ist der deutsche Kabelmarkt im Hinblick auf die Wirtschaftlichkeit der Netzebenen geteilt. So fahren viele Betreiber der Netzebene 4 Gewinne ein. Auf der vorgelagerten Netzebene 3 hingegen wies die DTAG als Eigentümerin dieser Kabelnetze bisher hohe Verluste aus.

Entwicklungspotenziale des deutschen TV-Kabelnetzmarktes

Dennoch bietet der deutsche Markt für Kabelnetze durchaus hohe Entwicklungspotenziale. Die Kabelnetzinfrastruktur in Deutschland erreicht immerhin 60% der bundesdeutschen Haushalte. In diesem Punkt artikuliert sich wiederum die zentrale Rolle, die den Betreibern der Netzebene 4 im Rahmen der Liberalisierung des deutschen Telekommunikationsmarktes zukommt. Findet die bereits an anderer Stelle geforderte Aufrüstung der Kabelnetze zu breitbandigen Vermittlungsnetzen statt, so wird neben den Telefonnetzen ein hochleistungsfähiges Netz existieren, das für wirkungsvollen Wettbewerb im Telekommunikationsmarkt sorgen kann. Geradezu unausweichlich wird die Aufrüstung der Netze die technische Konvergenz unterschiedlicher Medien vorantreiben und hierdurch den Multimediastandort

Deutschland befördern. Das Nebeneinander von Rundfunk sowie von Medien- und Telekommunikationsdiensten in einem Netz ergänzt somit die guten Marktchancen im Bereich des digitalen Fernsehens um die Potenziale des Telekommunikationsmarktes sowie vor allem um die Wachstumschancen, die Internet und Electronic Commerce bzw. Electronic Business bieten.

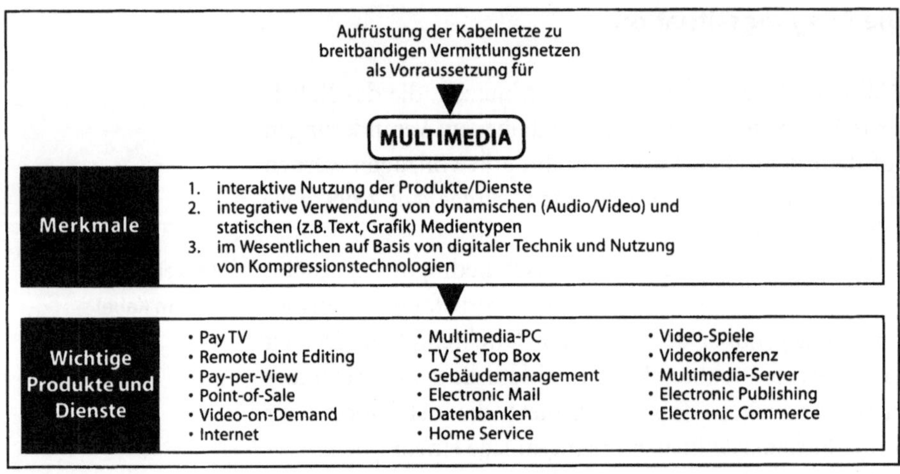

Abb. 28 Zusammenhang zwischen Netzaufrüstung und Multimedia, in Anlehnung an Picot 1999

Notwendige Vorleistungen zur Erschließung des TV-Kabelmarktes

Um die Potenziale des Kabelmarktes erschließen zu können, ist eine Reihe koordinierter Vorleistungen notwendig *(vgl. Schrape et al. 1999, S. 5f. sowie Schrape 2000, S. 2ff.)*:

- In Anbetracht eines bislang vollständig regulierten Kabelmarktes hatte in einem ersten Schritt die Marktöffnung bei der Kabelbelegung zu erfolgen. Mit dem 4. Rundfunkänderungsstaatsvertrag vom Frühjahr 2000 wurde den Betreibern der TV-Kabelnetze, zumindest für zwei Drittel der digitalen Kapazitäten, unternehmerische Entscheidungsfreiheit eingeräumt.

- Mit dieser Marktöffnung wurden jene erforderlichen unternehmerischen Anreize gesetzt, welche die Grundlage für die auf der zweiten Stufe notwendigen Erweiterungsinvestitionen der Kabelnetzbetreiber bilden.

- Die heute erforderlichen Erweiterungs- bzw. Ausbauinvestitionen bilden ihrerseits die Basis für die Integration sowie den Aufbau neuer Geschäftsfelder. Diese neuen Geschäftsfelder konkretisieren sich in den Fähigkeiten der Kabelnetzbetreiber, sich die oben skizzierten Marktpotenziale der Multimediawelt sich erschließen zu können. Es geht damit nicht mehr allein um die Umrüstung der Kabelnetze für das digitale Fernsehen. Vielmehr steht die Expansion des Geschäftsmodells auf das gesamte Dienstespektrum des multimedialen Konvergenzbereichs im Mittelpunkt des Interesses. Neben dem digitalen Free-TV handelt es sich dabei insbesondere um interaktive digitale Fernsehdienste, um das digitale Pay-TV, um Telefonie-Dienste und High-Speed-Internet sowie um Video-/Cinema on Demand, Online-Spiele, E-Commerce-Portale und um Facility-Management-Dienste. Diese Diversifikation in neue Geschäftsfelder ist für TV-Kabelnetzbetreiber und Wohnungswirtschaft die einzige strategische Option, um im Infrastrukturwettbewerb um die „letzte Meile" nachhaltigen Erfolg erzielen zu können.

- Derartige Strategien bedürfen allerdings marktgerechter Finanzierungsmechanismen, die von den Marktpartnern über die Netzebenen hinweg bis zum Endkunden ausgehandelt sowie vertraglich fixiert wurden. Hierdurch wird gewährleistet, dass die im Rahmen der Ausbau- bzw. Erweiterungsinvestition getätigten Ausgaben wieder zu Einnahmen mit entsprechendem Gewinnanteil führen.

Wiederum sind es die Spielregeln, die, sobald sie in Richtung einer vollständigen Marktöffnung gestaltet sind, entsprechende Investitionsanreize für die beteiligten Spieler (Kabelnetzbetreiber) setzen. Mit der Deregulierung im Telekommunikationssektor ist bereits auf übergeordneter (Spiel-)Ebene eine ganz entscheidende Voraussetzung geschaffen worden. Vor diesem Hintergrund steht einer Integration neuer Geschäftsfelder aus dem Telekommunikationsmarkt in den Bereich der Breitband-Kabelnetze nichts mehr entgegen.

Im Folgenden sollen nun die einzelnen Schritte, die für die Öffnung des Kabelfernsehmarktes in Deutschland und damit für erforderliche Investitionsanreize von zentraler Bedeutung sind, näher analysiert werden.

4.2 Analyse der Marktöffnung im Rundfunkbereich

Freie Kapazitäten im digitalen Bereich

Mit dem 4. Rundfunkänderungsstaatsvertrag wird es zu einer Marktöffnung im Rundfunkbereich kommen, von der gerade auch die Kabelnetzbetreiber profitieren werden. Zwar ist vor dem Hintergrund des aktuellen Ausbauzustandes der Kabelnetze ein großer Teil der Kapazitäten durch entsprechende Belegung bereits ausgeschöpft, im digitalen Bereich sind jedoch noch Kapazitäten vorhanden, für die lediglich Belegungsrichtlinien erlassen werden. Der Richtlinienkatalog umfasst die folgenden Punkte *(vgl. Schrape 1999, S. 8)*:

- Berücksichtigung der Endkundeninteressen,
- Gewährleistung einer Vielzahl an Programmen,
- Berücksichtigung von Sparten- sowie Fremdsprachenprogrammen und
- Einbeziehung von Mediendiensten.

Diese Richtlinien gelten für ein Drittel der digitalen Übertragungskapazität. Die verbleibenden Kapazitäten können nun von Seiten der Netzbetreiber, unter Berücksichtigung ihrer individuellen Markteinschätzung, belegt werden. Bei einem Ausbau der digitalen Netzbereiche werden sowohl der regulierte als auch der freie Bereich expandieren: Der durch Belegungsrichtlinien regulierte Bereich wird auch dann nicht mehr als ein Drittel der digitalen Übertragungskapazität beanspruchen, was dem Marktbereich Expansionsmöglichkeiten innerhalb seines relativen Marktanteils garantiert. Grundsätzlich kann festgestellt werden, dass im Bereich der Rundfunkregulierung die notwendigen Aufbruchsignale für den deutschen Kabelmarkt gesetzt wurden *(vgl. Schrape et al. 1999, S. 8ff.)*.

Als kritischer Erfolgsfaktor der Marktöffnung im digitalen Kabelmarkt muss das Verhältnis zwischen den TV-Kabelnetzbetreibern der Netzebene 4 auf der einen Seite und der Wohnungswirtschaft, den Programmanbietern bzw. den Inhalte- und Diensteanbietern sowie den neuen Betreibern der Netzebene 3 auf der anderen Seite gesehen werden. Zur erfolgreichen Markterschließung gilt es hier, die oben angesprochene Harmonisierung und Koordination entlang der Wertkette des digitalen TV-Marktes zu realisieren.

4.3
Analyse der erforderlichen Ausbauinvestitionen

Ausbau und Modernisierung der TV-Kabelnetze

Die nächste Stufe zur Erschließung der Marktpotenziale im Kabelfernsehbereich umfasst die notwendigen Investitionen in den Ausbau- bzw. die Modernisierung der Kabelnetze.

In technischer Hinsicht stellt der Ausbau eines Kabelnetzes zu einem sog. Full-Service-Network das weitreichendste Konzept dar. Hierbei wird die Übertragungsbandbreite bis zur Grenze von 862 MHz erhöht. Darüber hinaus wird das Netz in einer Sternstruktur mit kleinen Clustern organisiert sowie mit rückkanalfähigen Komponenten ausgestattet. Entsprechend hoch fällt hier das erforderliche Investitionsvolumen aus. Es ist wichtig zu erkennen, dass die Netzbetreiber mit dem Ausbau zu einem Full-Service-Network die Möglichkeit erhalten, die Marktpotenziale von Multimedia zu erschließen *(vgl. Schrape et al. 1999, S. 11 f.)*.

Mit dem technischen Ausbau eines Kabelnetzes und den damit verbundenen Basisinvestitionen ist jedoch nur die erste Investitionsstufe angesprochen. Die oben genannten Marktchancen lassen sich in vollem Umfang erst dann erschließen, wenn die Kabelnetzbetreiber weitere, zusätzliche Investitionen tätigen:

- Im Bereich des Service-Providing muss es zur Einrichtung und zum Betrieb von technischen Plattformen sowohl für das digitale Fernsehen als auch die Telekommunikation und das Internet kommen.

- Bezogen auf das Content-Providing hat eine Integration von eigenen inhaltlichen Plattformen in das Gesamtangebot zu erfolgen, wobei eigene Pay-TV-Pakete, eigene Online-Dienste sowie E-Commerce und Video-On-Demand-Angebote zur Verfügung gestellt werden müssen. Jeder dieser Schritte macht dabei erhebliche zusätzliche Investitionen sowie zusätzliches Know-how von Seiten der Kabelnetzbetreiber erforderlich *(vgl. hierzu Abb. 29 und die Darstellung bei Schrape et al. 1999, S. 13)*.

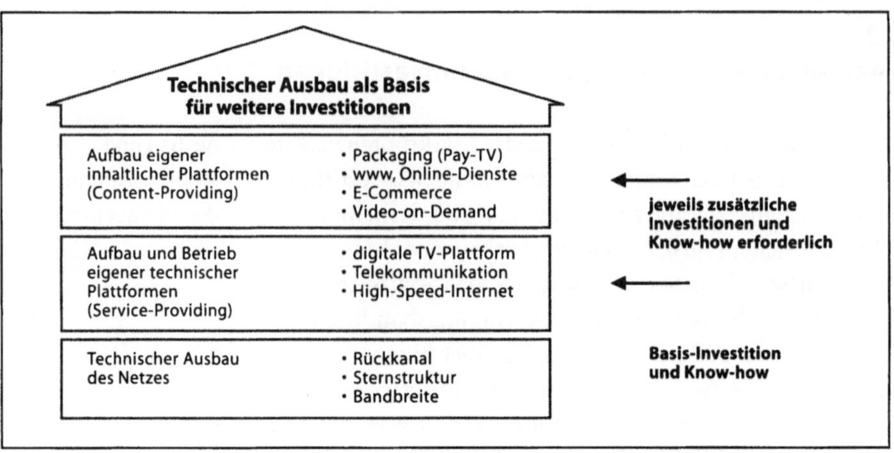

Abb. 29 Investitionsstufen des technischen Ausbaus eines Kabelnetzes

Investiert der Kabelnetzbetreiber aber in eine eigene technische Plattform oder in eine andere als die d-box-Plattform innerhalb seines Netzes, so bewirkt er eine grundlegende Veränderung der Marktsituation. Denn bisher wurden die technischen Plattformen im Kabelnetzbereich entweder von den Programmanbietern – früher von Premiere oder DF 1, heute von Premiere-World – oder von einem Paketvermarkter – in diesem Fall der DTAG-Tochter MSG – gemeinsam mit den entsprechenden Inhalten sowohl betrieben als auch vermarktet. Solange nur eine einzelne Plattform, nämlich die d-Box-Plattform genutzt wurde, hatten diese Strukturen Bestand. Sobald aber entsprechende Plattformen auch von Kabelnetzbetreibern zur Verfügung gestellt werden, stellt sich die Frage, welche konkrete Plattform benutzt werden soll bzw. darf oder aber im Zweifelsfall benutzt werden muss. Der Konflikt entzündet sich im Wesentlichen an der Frage, wer die Schnittstelle zum Kunden besetzt.

Die Lösung für diesen Interessenskonflikt kann in einer klaren und eindeutigen Trennung der Bereiche der technischen Plattform auf der einen sowie der Kundenbeziehung auf der anderen Seite gesehen werden. Die technische Plattform wird dabei nicht als Wettbewerbsbereich behandelt, sondern als ein Vehikel für den inhaltlichen Leistungswettbewerb interpretiert. Dadurch eröffnen sich diverse Lösungsmöglichkeiten für die Problematik der Kundenbeziehung, ohne dass gleich die Markterschließung an sich gefährdet wäre. Ein weiterer Vorteil dieser Trennung ist darin zu sehen, dass sich hier offene digitale Plattformen einsetzen lassen, so beispielsweise Set-Top-Boxen mit einem sog. *Common Interface*. Hierbei handelt es sich um eine Schnittstelle für die Zugangsmodule mehrer Programmanbieter oder Endgeräte. Darüber hinaus lässt sich der bisherige Konfliktbereich „digitale Plattform" in einen Kooperationsbereich transformieren, innerhalb dessen das gemeinsame Ziel einer schnellen Markterschließung am besten zu realisieren ist *(Win-Win-Situation) (vgl. Schrape 1999, S. 15f.)*. Die aktuelle Diskussion um den MHP-Standard sollte unter Beachtung dieser Zusammenhänge geführt werden.

4.4 Analyse der Markterschließung sowie ihrer Finanzierungspotenziale

Finanzierungspotenziale im digitalen Fernsehmarkt

Die Marktöffnung sowie die erforderlichen Ausbau- bzw. Erweiterungsinvestitionen schaffen die Voraussetzungen, um den Kabelfernsehmarkt in Deutschland in Bewegung zu bringen. Im Folgenden sollen nun jene Finanzierungsprozesse näher betrachtet werden, die eine Aufrechterhaltung des finanzwirtschaftlichen Gleichgewichtes eines Kabelnetzbetreibers und damit seine Investitionsfähigkeit garantieren.

Wird der Kabelanschlussmarkt isoliert vom restlichen Rundfunkmarkt betrachtet, so kann von einem Umsatzvolumen von mindestens 4,7 Milliarden Mark ausgegangen werden. Hiervon entfallen ca. 3 Prozent oder 150 Millionen Mark auf die Einspeiseentgelte, welche der Programmveranstalter an die DTAG zu entrichten hat. Die restlichen 97 Prozent des Umsatzes in Höhe von 4,5 Milliarden Mark entfallen dagegen auf die Anschlussentgelte der Teilnehmer *(vgl. Schrape et al. 1999, S. 19 sowie Abb. 30)*.

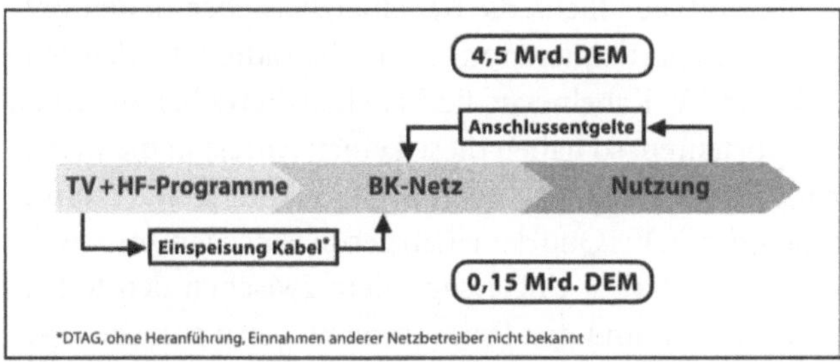

Abb. 30 Zahlungsströme bzw. Finanzierungsprozesse im deutschen Kabelanschlussmarkt, vgl. Schrape et al. 1999, S. 19

Geschäftsmodell im deutschen Kabelfernsehmarkt

Diese Umsätze werden auf Basis eines relativ einfachen Geschäftsmodells realisiert. Dabei ist für dieses Geschäftsmodell charakteristisch, dass jene Zahlungsströme, welche die Inhalte betreffen, bislang an den Kabelnetzbetreibern vorbeigehen. Gleiches ist im Zusammenhang mit dem Betrieb und der Nutzung der digitalen Plattform festzustellen. Diese werden von Programmanbietern oder Paketvermarktern betrieben, die auch die entsprechenden Entgelte einstreichen. Auch an den durch Werbung realisierten Umsätzen haben die Netzbetreiber keinen Anteil. Sie sind auf die technische Dienstleistung der Durchleitung beschränkt und werden von vorgelagerten Wertschöpfungsstufen als weitgehend kostenlose Transporteure missbraucht. Vor diesem Hintergrund wird auch von einem Transportmodell gesprochen *(vgl. Abb. 31 sowie die Darstellung bei Schrape et al. 1999, S. 19 f.)*.

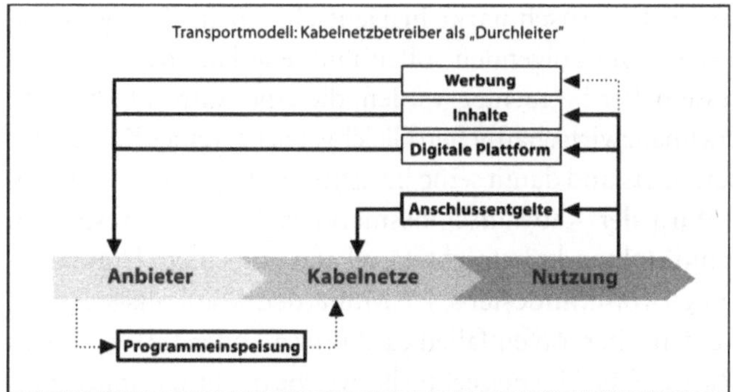

Abb. 31 Das Transportmodell: Kabelnetzbetreiber als Transporteure bzw. „Durchleiter", vgl. Schrape et al. 1999, S. 20

Im Rahmen des Ausbaus der Kabelnetze eröffnet sich die Chance und die Pflicht, die Kabelnetzbetreiber an den Entgeltströmen partizipieren zu lassen. Degradiert der deutsche Markt für TV-Kabelnetze die Kabelnetzbetreiber zu reinen Transporteuren, so haben diese keinen Anreiz in die Erweiterung ihrer Netze zu investieren. Der Markt ist zwar eröffnet worden, der Status Quo der Finanzierungsmechanismen weist jedoch eine starkes Ungleichgewicht zwischen den Kabelnetzbetreibern und den Programmanbietern auf. Die Investitionslasten zur Erschließung des Marktes liegen bei den Kabelnetzbetreibern, die Marktchancen bzw. Umsatzerlöse bei den Programmanbietern. Man braucht nicht viel Phantasie um zu erkennen, dass diese Tatsache hemmend auf den dringend notwendigen Ausbau der Netze wirkt. Unterbleiben aber die entsprechenden Erweiterungsinvestitionen, so werden sich die neuen Multimediamärkte nicht erschließen und die daran geknüpften Umsatzsteigerungen für niemanden realisieren lassen. Es wäre ein großer Fehler, den deutschen Telekommunikationsmarkt durch entsprechende Liberalisierungsmaßnahmen zu öffnen, seine erfolgreiche Weiterentwicklung aber am Ausbau der Kabelnetze scheitern zu lassen. Infolgedessen sind neue Markt- bzw. Geschäftsmodelle auszuhandeln und zu etablieren. Auf zwei mögliche (Ideal-)Modelle wird im Folgenden näher eingegangen *(vgl. Schrape et al., 1999, S. 22 f.)*.

Revenue-Sharing-Modell

Zum einen ist das sog. Revenue-Sharing-Modell zu erwähnen. Dieses Modell basiert auf dem einfachen Grundprinzip, dass Kabelnetzbetreiber und Programmanbieter die Einnahmen aus den Endkundenentgelten untereinander aufteilen. Dies erfolgt nach dem Prinzip von Leistung und Gegenleistung, womit die spezifischen Investitionen und Aufgaben, welche die jeweiligen Partner übernehmen, angesprochen sind. So lassen sich z.B. einmalige Zuschüsse für Investitionen, laufende Entgelte für die Inanspruchnahme einer digitalen Plattform oder Provisionen für den erfolgreichen Absatz des Angebots durch die Kabelnetzbetreiber vereinbaren. Die Besetzung der Kundenschnittstelle kann in diesem Modell ebenfalls vertraglich geregelt werden *(vgl. hierzu Abb. 32)*.

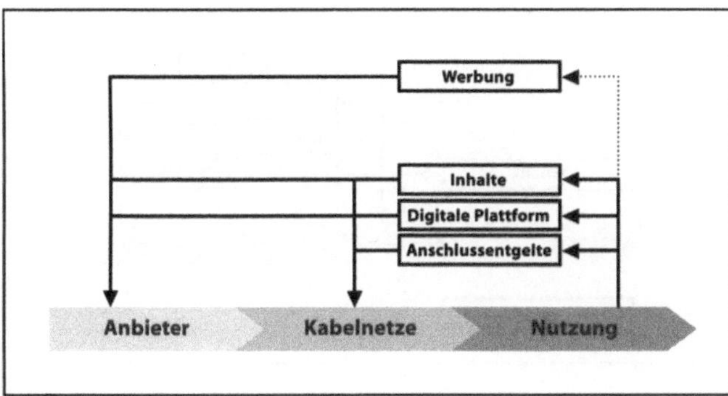

Abb. 32 Das „Revenue-Sharing-Modell": Prinzip der Einnahmenteilung zwischen den Marktpartnern, vgl. Schrape et al. 1999, S. 22

Reselling-Modell

Im Gegensatz zum Revenue-Sharing-Modell, nach dessen Logik sich die Marktpartner die Investitionsausgaben und Umsatzerlöse teilen, laufen beim sog. Reselling-Modell alle Zahlungsströme, außer der überregionalen Werbung, zunächst über den Kabelnetzbetreiber. Hierdurch wird sein Umsatz ganz andere Größenordnungen annehmen als im Transportmodell. Wie der Name des Modells schon sagt, übernimmt der Kabelnetzbetreiber hier die Funktion eine Wiederverkäufers bzw. eines Einzelhändlers im klassischen Sinne. Er kauft von den Großhändlern die Inhalte und verkauft diese dann mit einem entsprechenden Aufschlag versehen an seine Kunden weiter. Dabei trägt der Kabelnetzbetreiber die gesamte Verantwortung für die Zusammensetzung sowie die Vermarktung seines Angebotpakets. Analog zu entsprechenden Modellen im Einzelhandel sind Einmalzahlungen der Programmanbieter in Form von Investitions- oder Vermarktungszuschüssen oder aber in Form von Eintrittsgeldern durchaus denkbar. So müssen im Lebensmitteleinzelhandel Hersteller dafür bezahlen, dass sie in die Regale der Händler aufgenommen werden. Im Idealfall kommt es wiederum zu einer Win-Win-Situation. Attraktive Programmangebote führen zu einer Aufwertung der Kabelanschlüsse und ermöglichen es dem Netzbetreiber auf der einen Seite entsprechend höhere Entgelte zu beziehen und auf der anderen Seite höhere Zahlungen an die Programmveranstalter weiterleiten zu können *(vgl. Abb. 33 sowie die Darstellung bei Schrape et al. 1999, S. 4 f)*.

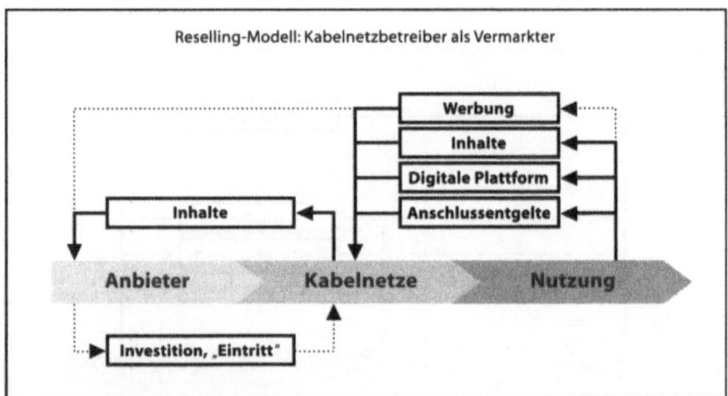

Abb. 33 Das „Reselling-Modell": Kabelnetzbetreiber als Vermarkter, vgl. Schrape et al. 1999, S. 24

Wichtig ist zu erkennen, dass die beiden vorgestellten Modelle Idealtypen darstellen, welche in der Praxis, je nach Marktsituation, Mischformen annehmen können. Entscheidend ist jedoch, dass sich der Kabelfernsehmarkt vom Transportmodell loslöst und in ein adäquates Marktmodell transformiert wird. Die neuen Marktmodelle lassen sich dann schrittweise entwickeln. So ist durchaus vorstellbar, das Revenue-Sharing-Modell als Grundmodell und damit als ersten Entwicklungsschritt vor allem im Pay-TV-Bereich einzusetzen. Im Rahmen dieses Modelles können die Programmanbieter z.B. die technischen Plattformen sowie die Vermarktungsleistungen der Kabelnetzbetreiber in Anspruch nehmen ohne auf ihre Kundenbeziehung verzichten zu müssen. Mit der Aufteilung der Investitionen und Einnahmen wird eine realistische Perspektive zur Entwicklung des Marktes mit Vorteilen für beide Seiten gegeben *(vgl. Schrape et al. 1999, S. 26)*.

Die Einführung und Etablierung des anspruchvolleren Reselling-Modells könnte den zweiten Entwicklungsschritt markieren. Dieser braucht allein schon deshalb mehr Zeit, weil die vertraglich zu regelnden Beziehungen wesentlich komplexer als beim Revenue-Sharing-Modell ausfallen. Darüber hinaus müssen in diesem Modell auch die potentiellen neuen Geschäftsfelder und Leistungsangebote aus dem Bereich Telekommunikation und E-Commerce Berücksichtigung finden sowie in die Finanzierungsprozesse integriert werden *(vgl. Schrape et al. 1999, S. 27)*.

Grundsätzlich haben die Betreiber der Netzebene 4 noch die Zeit und Möglichkeit, verschiedene Handlungsmöglichkeiten gegeneinander abzuwägen. Unabhängig davon ist von entscheidender Bedeutung, dass erst die Abwendung vom Transportmodell den Netzbetreibern einen Anreiz setzt, in Technologien zu investieren, welche den Endkunden ein attraktives sowie vielfältiges Programm- und Diensteangebot garantieren. In Ländern wie den USA oder Frankreich hat man erkannt, dass die Integration der Kabelnetzbetreiber eine zentrale Voraussetzung für die Entstehung erfolgreicher Multimedia-Märkte darstellt. Nur die angemessene Integration der Kabelnetzbetreiber in die Wertschöpfungs- und Finanzierungsprozesse des digitalen Marktes kann dessen schnelle und technologisch innovative Entwicklung garantieren.

5 Der deutsche Kabelfernsehmarkt zu Beginn des neuen Jahrtausends

5.1 Aktueller Stand und mögliche Entwicklungen

Aus Wettbewerbsgründen musste die Deutsche Telekom die Mehrheit an ihrem TV-Kabelnetz abgeben. Aufgrund einer Verzögerungsstrategie zog sich dieser Verkaufsprozess jedoch über einige Jahre hin, was die dringend notwendige technologische Aufrüstung dieses hoffnungslos veralteten Netzes zu Multimedia-Zwecken nachhaltig verhinderte. So ist es nicht verwunderlich, dass das britische Marktforschungsinstitut Screen Digest im Rahmen eines jüngst durchgeführten Ländervergleichs einen deutlichen Rückstand des deutschen Multimedia-Marktes gegenüber den meisten westeuropäischen Ländern feststellte.

Zwischenzeitlich liegen nun aber für alle neun Regionalgesellschaften Kaufverträge vor. Bei den Käufern des Netzes handelt es sich um die amerikanische Investorengruppe Callahan Associates sowie um die amerikanische Mediengruppe Liberty Media.

Das deutsche Breitband-TV-Kabelnetz ist mit rund 20 Millionen angeschlossenen Haushalten das größte in Europa. Allerdings befindet sich dieses Netz nicht vollständig im Besitz der DTAG. Einerseits gibt es unabhängige Anbieter, wie etwa UPC (ewt/tss) oder die Primacom, die mit ihren eigenen Netzen ca. 4 Millionen Haushalte direkt versorgen können. Zudem kontrolliert die DTAG nur bei ungefähr einem Drittel der 18 Millionen von ihr versorgten Haushalte die Leitungen bis zur Anschlussbuchse in den Wohnungen. Bei allen anderen Anschlüssen reicht ihr Netz lediglich bis zur Hausverteileranlage. Die letzten Meter bis zur Buchse und damit der direkte Zugang zum Endkunden sind bei diesen Haushalten im Besitz der Wohnungswirtschaft sowie privater Kabelnetzbetreiber. Die neuen Mehrheitseigentümer des DTAG-TV-Kabelnetzes werden sich mit diesen Marktpartnern arrangieren müssen.

Wohin steuert der deutsche TV-Markt? Im Rahmen des Aufbrechens der Monopolstellung der DTAG scheint es nun wirklich zu einer Privatisierung des TV-Kabelnetzes der Telekom zu kommen. Die Deregulierung in diesem Bereich wurde insbesondere mit dem Ziel verfolgt, durch Privatisierung mehr Wettbewerb als bisher zu schaffen und damit mehr Innovationen und Marktdynamik zu bewirken. Neuerdings ist jedoch eine deutliche Konsolidierung unter den Newcomern auf diesem Markt festzustellen, was sich in der geringen Zahl der neuen Mehrheitseigentümer (Liberty Media und Callahan) artikuliert. Der Markt scheint sich in Richtung eines Oligopols zu bewegen. Es sind wenige, internationale Unternehmen, welche die Marktstruktur auf dem deutschen Markt für TV-Kabelnetze prägen.

Wie ist diese Entwicklung zu bewerten. Kommt man vom Regen in die Traufe und ersetzt einen Staats-Monopolisten mit einem privaten Marktbeherrschungs-Kartell? Werden durch Preisabsprachen und verhaltenen Innovationswettbewerb die Kunden wiederum benachteiligt? Diese Fragen sollen im Folgenden aufgegriffen werden. Dabei wird deutlich, dass weder die geringe Anzahl der im Markt befindlichen Unternehmen noch die von ihnen ergriffenen bzw. angekündigten Strategien zwingend wettbewerbsbeschränkend wirken müssen. Vielmehr wird gezeigt, dass die Internationalisierung des deutschen TV-Kabelmarktes sowie seine Konsolidierung eine zwingende Voraussetzung für die Ausnutzung der vorhandenen Innovationspotenziale darstellt. Diese widersprüchlich anmutende Argumentation zieht ihre gründet sich auf die besonderen Eigenschaften, die für die modernen Technologiemärkte charakteristisch sind. So wird deutlich, dass die „technologischen Meilensteine" dieser Märkte, wie Breitband, Internet und UMTS unausweichlich eine Entwicklung hin zu internationalen Allianzen und (weiten) Oligopolen bewirken. Innerhalb der Telekommunikationsmärkte müssen diese Oligopole jedoch nicht zwingend marktbeherrschend sein. Die besonderen Eigenschaften dieser Märkte können durchaus auch innerhalb oligopolistischer Strukturen zu einem entsprechend intensiven Wettbewerbsverhalten der Anbieter führen.

5.2 Liberty und Callahan – Ein Oligopol?

Die schöne neue Kabelwelt, die von Seiten der Investoren Liberty und Callahan beschwören, wird in Deutschland von vielen Seiten kritisch betrachtet. Grundtenor der Befürchtungen ist die starke Position, über welche die beiden US-Firmen auf dem deutschen TV-Kabelmarkt verfügen werden. So wird in seltener Harmonie zwischen ARD, ZDF und Privatsendern die hohe vertikale Integration der US-amerikanischen Medienkonzerne scharf kritisiert: Der TV-Kabelnetzbetreiber Liberty verfügt auch über eigene TV-Inhalte, die er, so die Befürchtung, auf Kosten anderer Inhalteanbieter „gnadenlos“ an die deutschen Haushalte verkaufen wird. Bei näherer Betrachtung lassen sich diese Befürchtungen jedoch nicht uneingeschränkt nachvollziehen. Zum einen sind ARD und ZDF durch die im Rundfunkstaatsvertrag fixierte „Must-carry“-Regel von vornherein auf der sicheren Seite: Ihre Programme müssen in jedes deutsche TV-Kabelnetz eingespeist werden. Auch bei den Privaten gestaltet sich die Situation nicht ganz so dramatisch: Liberty und Callahan müssen auch hier für Vielfalt sorgen und dürfen keinen Sender diskriminieren. Zum anderen sind RTL, SAT 1 und andere Sender starke Marken, die von den Endkunden in jedem Programmpaket erwartet werden.

Neben diesen Argumenten gibt es ökonomische Fakten, die für vertikale Integration und Konsolidierung auf der Anbieterseite des TV-Kabelmarktes sprechen. Die Telekommunikationsbranche ist kapitalintensiv, und die Markteintrittsbarrieren sind relativ hoch für Newcomer. So kommen neben den erforderlichen hohen Investitionsaufwendungen auch Marketingausgaben und eventuell Lizenzgebühren auf die neuen TV-Kabelnetzbetreiber zu. Auf diese Weise wird der kalkulierte Break Even der Investitionen der netzbetreibenden Herausforderer in den Monaten der Deregulierung kontinuierlich weiter in die Zukunft wandern *(vgl. Pelzel 2001, S. 3ff.)*. Hierin ist eine große unternehmerische Herausforderung zu sehen: Aufgrund des gigantischen Investitionsvolumens, das für die Modernisierung des TV-Kabelnetzes der DTAG notwendig ist, müssen sich die Unternehmen in bisher nicht bekanntem Ausmaß Finanzierungsquellen erschließen. Es sind schwindelerregend hohe Summen notwendig, um das DTAG-TV-Kabelnetz zu modernisieren. Das Basler Prognos Institut schätzt, dass einschließlich des an die DTAG zu zahlenden Kaufpreises bundesweit 45 Milliarden Mark für das TV-Kabelnetz aufgewendet werden müssen. Für die Entwicklung digitaler Plattformen für neue Dienste wie beispielsweise „Video on Demand“ sind ebenfalls hohe Ausgaben zu tätigen. Dadurch verlängert sich der Zeitraum, der für die Amortisierung der Investitionsausgaben hingenommen werden muss, signifikant. So schätzt das Prognos Institut den Zeitraum bis zum Erreichen des Break Even auf 10 bis 12 Jahre! Gleichzeitig muss es aber zu einem zügigen Ausbau des Kabelnetzes kommen, damit der Multimedia-Standort Deutschland nicht noch weiter ins Hintertreffen gerät. Dass sich Finanzierungsaktivitäten solchen Ausmaßes mit derart langen Amortisationszeiten nicht allein innerhalb mittelständisch strukturierter Branchen bewältigen lassen, liegt auf der Hand.

Dieses Argument erfährt eine zusätzliche Verschärfung vor dem Hintergrund des in Deutschland einmalig preisgünstigen Angebots an Fernsehprogrammen. Realistische Geschäftsmodelle für Netzausbau und Investitionen benötigen hierzulande lange Refinanzierungszeiträume und innovative Ideen bei der Generierung von Inhalten sowie deren Vermarktung. Diese Rahmenbedingungen werden die TV-Kabelnetzbetreiber dazu zwingen, in vertikale Integrationen zu investieren. An die Stelle der bisherigen Trennung zwischen Netz und Nutzung bzw. Inhalten treten vertikale Integrationen. Um langfristig im schwierigen deutschen TV-Kabelmarkt bestehen zu können, müssen die Netzbetreiber eng mit Programmveranstaltern zusammenarbeiten.

Aktuell stehen die Kabelnetzbetreiber vor der Herausforderung, die gewaltigen Investitionsvolumina in die Aufrüstung der alten bzw. in den Aufbau alternativer neuer Netz-Infrastrukturen zu stecken. Dies vollzieht sich bei einem immer stärker werdenden internationalen Wettbewerb um Kapital und Kunden sowie den damit einhergehenden Preisreaktionen. Solche Rahmenbedingungen überfordern alle jene Unternehmen, die nicht in der Lage sind, die entsprechenden Größeneffekte für die Kapitalbeschaffung und für die notwendigen Investitionen in innovative Technologien zu generieren. Neben den Volumenaspekten bei Finanzierung und Investition sind es insbesondere technologische Kräfte, die Größe im Sinne von Diversifikation bzw. im Sinne von Zugriffsmöglichkeiten auf ein breites Technologie- und Produktportfolio fordern. In diesem Zusammenhang kommt dem Begriff der Plattform zentrale Bedeutung zu. Einige zentrale Punkte der ökonomischen Logik der TV-Kabelmärkte lassen sich anschaulich am Beispiel der Plattform zeigen.

5.2.1 Zur Bedeutung von Plattformen auf Telekommunikationsmärkten

Unter einer Plattform soll hier jener Ort verstanden werden, an dem Käufer und Verkäufer zusammen kommen, an dem Techniker zusammen arbeiten oder Konsumenten gemeinsame Produkterfahrungen machen. Plattformen stellen „De-facto-Standards" dar. Sie sind von keiner Regierung verordnet, sondern sie entstehen durch spontane, von Konsumentenentscheidungen ausgelöste, Entwicklungen auf globalen Technologiemärkten. In der hier verwendeten Form stammt der Begriff der „Plattform" ursprünglich aus der Computerterminologie. Dabei bezieht er sich auf ein Hardware- oder Software-Produkt, das so bedeutend oder so weit verbreitet ist, dass es in seinem Markt eine zentrale (vielleicht auch marktbeherrschende) Stellung einnimmt und viele andere Produkte (Komplementär-Produkte) dafür entwickelt werden. Windows von Microsoft ist das wohl prominenteste Beispiel und zugleich die Plattform, welche die größte Nutzergemeinde aufweist *(vgl. Ohmae 2001, S. 51)*. Wichtig ist hier zu erkennen, dass es die Kunden sind, die sich für eine Plattform entscheiden und nicht der Staat, der einen Standard bzw. eine Technologie (eine Plattform) per Dekret verordnet.

Betrachtet man die Telekommunikationsmärkte, so findet man wenige mächtige Plattformen, die trotz der oligopolistischen Marktstruktur zueinander in heftiger Konkurrenz stehen. Kommunikation kann heute beispielsweise über den Mobilfunk (globaler Standard DMCA-Technologie), über das Internet (IP/TCP-Protokolle als Standard), über das TV-Kabelnetz (Breitband- bzw. Glasfaserkabel) oder über Satelliten abgewickelt werden. Obwohl die einzelnen Plattformen von Unternehmen repräsentiert werden, die für sich genommen auf ihrer Plattform oftmals eine monopol- bzw. duopolähnliche Stellung einnehmen, kann letztlich keine Plattform sicher sein, ihren bevorzugten Status längerfristig zu behalten. Es muss zum Verständnis der Wettbewerbslogik festgestellt werden, dass Innovationen grundsätzlich die Existenz einer jeden Plattform bedrohen. Konkurrenten können andere Plattformen mit besserer, effizienterer Technologie entwickeln und den Kunden damit einen einfacheren, qualitativ besseren und kostengünstigeren Zutritt zur Multimedia-

Welt verschaffen. So können traditionell getrennte Technologien der Daten- und Sprachübertragung auf der IP-Plattform des Internets gemeinsam realisiert werden. Ein Beispiel dafür ist die Internet-Telefonie oder der Zugang zum Internet und die Telefonie über das TV-Breitbandkabelnetz.

Derartige Plattformen sind des Weiteren global präsent. Zwar werden strategische Felder wie der Aufbau von Mobilfunknetzen oder lokale Anschlusskonzepte in nationalen Märkten entwickelt, doch die Kunden, Privat- wie Geschäftskunden, fordern zunehmend eine Ausrichtung auf weltumspannende Kommunikationsnetze. Diese reduzieren die Transaktionskosten über die bisherigen Marktgrenzen hinweg. So führten im traditionellen verarbeitenden Gewerbe die sinkenden Kommunikations- und Informationskosten zu einer verstärkten Transparenz der Märkte und damit zu einem breiteren Spielraum bei der Verlagerung von Produktion über Grenzen hinweg (grenzüberschreitende Supply Chains). Globale leistungsfähige TK-Betreiber sind nicht Ausdruck eines nicht funktionsfähigen Wettbewerbs, sondern das Ergebnis deutlich artikulierter Konsumentenwünsche. Internationale TK-Betreiber stehen für ein hohes Know-how und Technologiepotenzial, das sie auf ihren global ausgerichteten Plattformen in gleich bleibender Qualität zur Verfügung stellen – zum Nutzen der Konsumenten *(vgl. Pelzel 2001, S 30ff.)*.

5.2.2
Plattformen und Oligopole – Konkurrenz auch für „Liberty Media"

Eine Besonderheit von Plattformen ist jedoch, dass sie oftmals einen Monopol- bzw. Oligopolstatus einnehmen. Trotz dieser, auf den ersten Blick wettbewerbspolitisch alarmierenden Tatsache, ist die Vorherrschaft keiner Plattform gesichert. Die oligopolistische Marktstruktur schlägt sich keineswegs zwingend in einem oligopolistischen oder monopolistischen Verhalten der jeweiligen Unternehmen nieder. Das Gegenteil ist eher der Fall, wie die folgenden Beispiele zeigen werden *(vgl. hierzu ausführlich die Darstellung bei Ohmae 2001, 75ff.)*:

Im März 1999 wurde die Dominanz von Windows als Quasi-Monopolist der PC-Plattformen massiv bedroht, als

Sony ankündigte, man werde mit der PlayStation 2 eine völlig neue Technologie (PSII) auf den Markt bringen. Mit diesem interaktiven Medium war ein Produkt entwickelt worden, das es erlaubt, Videospiele auf digitalen Videodisks (DVDs) abspielen zu können. Was letztlich die Bedrohung für Microsoft ausmachte, war die Tatsache, dass dieses Gerät auch problemlos digital über Telefon oder TV-Kabel kommunizieren kann. Eine an das Fernsehgerät im Wohnzimmer angeschlossene PlayStation gibt den Konsumenten die Möglichkeit, über das reine Videospiel hinaus, Online-Shopping zu betreiben bzw. sich das gesamte Internet zu erschließen. In dieser Position ist das PSII in der Lage, zu einer neuen Standardplattform heranzureifen und damit jene Menschen anzusprechen, die auf Tastaturen allergisch reagieren und sich dennoch einen digitalen Zugang zum interaktiven Internet (in diesem Fall mittels Joystick) wünschen.

Doch ist Sony längst nicht der einzige Wettbewerber im Kampf um die neue Plattform. Sowohl die Spielekonsole von Sega (Dream Cast) als auch die von Nintendo ist netzwerkkompatibel. Nintendo beabsichtigt eine besonders innovative Form an Netzspielen auf den Markt zu bringen, die als besondere Eigenschaft E-Commerce-Tauglichkeit aufweist. Drüber hinaus hat selbstverständlich auch Microsoft eine innovative Lösung, die „X-Box“, entwickelt. Hierbei handelt es sich um einen weitgehend interaktiven Computer mit Netz-Spielkapazität, der auf der DVD-Technologie beruht *(vgl. Ohmae 2001, S. 76)*.

Diese Beispiele machen eines deutlich: Es bedarf auf modernen Technologiemärkten nicht vieler Anbieter (atomistischer Konkurrenz), um harten Wettbewerb zu bewirken. Vielmehr versucht jeder der wenigen Anbieter in dieser oligopolistischen Marktstruktur seine Plattform, d.h. seine Technologie zu etablieren. Dies wird aber nur dann funktionieren, wenn das eigene Produkt, der eigene Standard, die eigene Plattform gegenüber den Konkurrenten deutliche technologische und/oder preisliche Vorteile bietet. Innovationen sind in diesem Wettbewerbsumfeld das Wichtigste, auch wenn auf diesem Markt nur wenige Anbieter miteinander konkurrieren.

So hat jeder Wettbewerber seine eigene Methode, um die Wohnzimmer zu erobern, indem er das Problem der „letzten Meile“ löst. Die amerikanischen TV-Kabelnetzbetreiber entwickeln gerade eine Kabelmodemtechnologie, die fünf

Megabit pro Sekunde übertragen kann und somit das Telefon(Kabel) auch in der Sprachtelefonie endgültig ablösen kann. Als Antwort hierauf haben Telefongesellschaften wie US West und SBC mit der *Very High Speed Digital Subscriber Line (VDSL)* bereits eine „alternative Plattform" entwickelt und verwenden eine Komprimierungs-Software, um die Bandbreiten gegenüber den konventionellen Telefonleitungen zu komprimieren. Des Weiteren existiert eine andere amerikanische Telefontechnologie (Plattform), die als „*Wireless Local Loops*" *(WLL)* bekannt ist. Mit Hilfe dieser Technologie werden die Kunden erreicht ohne bestehende Telefon- bzw. TV-Kabelleitungen zu besetzen. Darüber hinaus kann zu den existierenden Übertragungsplattformen die Satellitenübertragung als weitere eigene Plattform treten. Es existieren schließlich Dutzende von Satellitensysteme, auf die weltweit zugegriffen werden kann *(vgl. Ohmae 2001, S. 76)*.

Trotz weniger, durchaus mächtiger Anbieter im Telekommunikationsmarkt kommt es nicht zu oligopolistischen Verhaltensweisen in Form von Preisabsprachen und verhindertem Wettbewerb. Vielmehr ist das Gegenteil der Fall: Es gibt eine überschaubare Zahl von umfassenden Netzwerken mit großer Bandbreite, die aber jeweils auf eine andere Technologie setzen, um einen universellen Zugang zu ein und denselben Kunden zu bekommen. Dies führt zu einem heftigen Innovationswettbewerb, wie ihn andere Branchen, mit weitaus zahlreicheren Anbietern niemals kennengelernt haben.

Die oligopolistische Marktstruktur und das damit verbundene stark wettbewerbliche Marktverhalten ist von den früheren Strukturen und Verhaltensweisen auf Telekommunikationsmärkten weit entfernt. Dennoch geht man an diese Thematik immer noch mit der ökonomischen Logik des Industriezeitalters oder früherer Technologiezeiten heran, wird dabei aber konsequenterweise den spezifischen Besonderheiten moderner Technologiemärkte nicht gerecht. In den Anfangstagen des Kabelfernsehens in den USA wurden Genehmigungen beispielsweise nach Ländern und Gemeinden erteilt. Betreiber wie John Malone standen seinerzeit vor der Herausforderung, ihre Netze Planquadrat für Planquadrat selbst errichten zu müssen, um zu großen TV-Kabelnetzbetreibern zu werden. Heute konkurriert eine Vielzahl globaler Technologien auf neuestem technologischen Stand um den Zugang zum Kunden. Alle diese Technologien haben eine globale Reichweite: eine Informations- und Kommunikations-

Welt, die umworben wird von TV-Kabel-, Satelliten-, DVD- oder Mobiltelefonsystemen bzw. -Plattformen. Für eine gewisse Zeit werden sie um denselben Markt konkurrieren; nach und nach werden sie sich jedoch zwangsläufig stärker differenzieren müssen. Ihre Kunden, die mit ihrem Geld und der Benutzerhäufigkeit „abstimmen“ werden, bestimmen letztlich, welche der verschiedenen Technologien sich für einen bestimmten Zweck am nützlichsten erweisen *(vgl. Ohmae 2001, S. 77)*. Man erhält hier einen funktionsfähigen Wettbewerb, und das unter oligopolistischen Marktbedingungen!

Nun kann man einwenden, dass Wettbewerb unter Oligopolisten bzw. unter ihren Plattformen solange stattfinden wird, bis sich eine Plattform als überlegen durchgesetzt hat. Aber auch diese Argumentation greift zu kurz. Denn die Besitzer einer Plattform sind auf eine Art und Weise verletzlich, wie es weder die Inhaber von Monopolen noch die „früheren Oligopolisten“ jemals waren. Jede Plattform schadet sich selbst, wenn sie das Vertrauen ihrer Kunden verletzt. In diesem Fall eröffnet sich der Konkurrenz die Möglichkeit, mit ihrer eigenen, alternativen Plattform beim Kunden Fuß zu fassen. In einem Wettbewerb der Plattformen werden Schwächen und Fehler viel härter bestraft als in einem klassischen Wettbewerbsmarkt. Amazon.com sah sich im März 1999 mit diesem Problem konfrontiert, als die New York Times berichtete, der Online-Buchladen würde den Verlagen eine Gebühr von 10.000 US$ für eine gute Platzierung von Buchinformationen auf der Amazon-Website in Rechnung stellen. Dieser Artikel rief einen Aufschrei unter den Kunden von Amazon hervor. Man hielt Amazon vor, dass Buchempfehlungen grundsätzlich das Ergebnis einer unparteiischen Beurteilung der Bücher sein müssen. Angesichts dieser Proteste versprach das Management von Amazon sofort, dass in Zukunft alle gesponserten Empfehlungen eigens deutlich gekennzeichnet werden. Hätte Amazon nicht so rasch reagiert, so wäre es mit Sicherheit zu einer massiven Abwanderung der Kunden zu anderen Sites (Plattformen) gekommen. Diese hatten nämlich sofort behauptet, sie selbst seien völlig unparteiisch, offener und weniger leicht zu „kaufen“ *(vgl. Ohmae 2001, S. 69f.)*.

Oligopole sind kein Phänomen der alten Welt. Vielmehr ist diese Marktstruktur gerade auf den innovativen Informations- und Kommunikationsmärkten am häufigsten zu beobachten. Aus einer wettbewerbspolitischen Perspektive muss dies jedoch nicht zwingend bedenklich sein. Es kommt auf das Marktverhalten der beteiligten Unternehmen an; und dieses kann trotz oligopolistischer Marktstruktur sehr wettbewerbsintensiv ausfallen. Diese Paradoxie lässt sich begründen:

Selbstverständlich haben Plattformen auf den Informations- und Kommunikationsmärkten eine Tendenz, sich in Richtung Oligopol zu entwickeln. Sobald sich eine konkrete Plattform etabliert hat, von Windows bis E-Trade oder Amazon, muss sie für eine gewisse Zeit vielleicht keine direkte Konkurrenz mehr fürchten. Diese Tendenz zum Oligopol ist eine natürliche Auswirkung der Netzwerkdynamik, weil jede Plattform ihre Wertschöpfung aus der Verbindung zu möglichst vielen Kunden, aber auch möglichst vielen anderen Plattformen bezieht. Allerdings ist jede dieser Plattformen permanent von neuen technologischen Entwicklungen bzw. Innovationen bedroht, die somit als „Killerplattformen" (vielleicht mit neuen Killerinhalten) die Kunden schnell und mühelos von der eben noch mächtigen Plattform zu sich ziehen können. Es ist die permanente technologische Bedrohung, die keinen Plattform-Inhaber, im Gegensatz zu früheren Telefonmonopolisten, gleichgültig gegenüber Kundenwünschen, Innovationen und Kosten- sowie Preissenkungen macht. Die zentrale Aussage lautet: Der Wettbewerbsdruck in einer Branche geht nicht allein von den etablierten Unternehmen aus, sondern insbesondere auch von den potenziellen Konkurrenten. Die „Helden des Wettbewerbs" sind die (vielleicht heute noch gänzlich unbekannten) potenziellen Marktteilnehmer, die disziplinierend auf die sich im Markt befindlichen Unternehmen (Oligopolisten) wirken.

Die Ausführungen haben anhand einiger Beispiele aus der New Economy gezeigt, dass es tatsächlich zu einer Veränderung in der ökonomischen Logik auf zahlreichen Märkten gekommen ist. Und diese neue ökonomische Realität besitzt auch Relevanz für den deutschen TV-Kabelmarkt.

Mit dem Namen Liberty Media wird in Deutschland aktuell die Gefahr einer drohenden Monopolisierung bzw. Oligopolisierung des (digitalen) Fernsehmarktes verbunden. Dieses Szenario ist zwar durchaus möglich, ob es allerdings mit Nachteilen für den Endkunden verbunden sein wird, darf bezweifelt werden. Das digitale Fernsehen in Deutschland ist weder heute noch in Zukunft auf das TV-Kabelnetz angewiesen. Die beiden wichtigsten Vorteile der digitalen Fernsehwelt, das breit gefächerte Programmangebot sowie die Interaktivität, lassen sich auch im Rahmen des digitalen Satellitenempfangs nutzen. Es existiert hier also eine mächtige, alternative Plattform, welche jeder TV-Kabelnetzbetreiber bei seinen Entscheidungen berücksichtigen sollte. Die Ankündigung von Liberty, sowohl bei den Angeboten als auch den Preisen im analogen Kabelfernsehen nichts ändern zu wollen, zeigt, dass gewisse Disziplinierungskräfte wirken. So kann und wird jeder unzufriedene Kabel-Fernsehkunde zur „Satellitenschüssel" wechseln. Die hier skizzierte Logik verfängt ebenso im Konflikt um den Digitalfernsehstandard MHP. Die interaktiven MHP-Dienste lassen sich sowohl über den Telefonrückkanal als auch über Satellit empfangen. Sollte Liberty bei seiner Ablehnung des MHP-Standards bleiben, so bedeutet dies nicht, dass der Endkunde in Deutschland auf den versprochenen Zusatznutzen dieses Decoders verzichten muss. Liberty ist zwar eine mächtige, aber letztlich nur eine von mehreren Plattformen im deutschen Fernsehmarkt. Es sind wenige Plattformen, die untereinander hart um die Gunst des Kunden buhlen. Dies führt zu Wettbewerb, Innovationen und Konsumentensouveränität auf dem deutschen TV-Markt. Die von politischer Seite festgestellte Bedrohung der Meinungsvielfalt im Kabelfernsehen kann vor diesem Hintergrund nicht ernst genommen und muss unter dem Kapitel „Anmaßung von Wissen deutscher Politiker" verbucht werden. Durch technischen Fortschritt sowie die Globalisierung des deutschen TV-Kabelmarktes kommt es zur Disziplinierung der hier agierenden Unternehmen; jede Form staatlicher Regulierung ist überflüssig.

Darüber hinaus ist zu berücksichtigen, dass jeder große Investor auf der Netzebene 3 mit den zahlreichen Betreibern der Netzebene 4 kooperieren muss. Liegt ein Oligopol auf der Netzebene 3 vor, so muss dies nicht zwangsläufig zu Lasten des Wettbewerbs und damit des Endkunden gehen. Vielmehr sind die großen Oligopolisten der Ebene 3 gezwungen, ihre Strategien mit den Betreibern der Ebene 4 abzustimmen. Da letztere den direkten Kundenanschluss besitzen, wird das Ergebnis einer netzebenenübergreifenden Harmonisierung immer an den Bedürfnissen der Endkunden ausgerichtet sein. Die Betreiber der Netzebene 4 garantieren somit den Wettbewerb im TV-Kabelmarkt.

5.3 Vertikale Integration, strategische Allianzen und Harmonisierung

Aspekte der vertikalen Integration wurden bereits im Rahmen der Thematik „digitales Fernsehen" diskutiert. Im Folgenden wird diese Argumentation nochmals aufgegriffen, um Probleme und Strategien der Kooperation zwischen den Netzebenen 3 und 4 zu betrachten.

Unter vertikaler Integration versteht man in diesem Zusammenhang die Bestrebung eines Netzbetreibers, vor- bzw. nachgelagerte Produktionsbereiche (Hardwareherstellung bzw. Mehrwertdienste) abzudecken. In den USA ist eine deutliche Ausprägung beider Formen der vertikalen Integration zu beobachten. Grundsätzlich werden hiermit die folgenden Ziele verfolgt *(vgl. Pelzel 2001, S. 61)*:

- Verringerung der aus Nachfrageschwankungen resultierenden Ungewissheit;
- Verbesserung der Positionierung am Markt sowie des Zugangs zu Know-how, wie im Falle Bertelsmann und AOL
- verbesserte Beherrschung des Kundenzugangs wie im Rahmen des Bündnisses zwischen Disney und ABC angestrebt
- Steigerung der Wertschöpfungserträge sowie
- Optimierung der Verteidigungsposition gegen mögliche Angreifer aus verwandten Märkten wie im Falle der Fusion von US West und Time Warner.

Für den deutschen Markt kann die vertikale Integration über die Netzebenen 3 und 4 hinweg besondere Relevanz besitzen. So setzt das innovative Angebot von Internet und Sprachtelefonie über das TV-Kabelnetz einen Ausbau des Rückkanals und damit eine Integration der Netzebenen 3 und 4 zwingend voraus. Nur in einheitlichen Strukturen (auf der Basis eines entsprechenden technologischen Standards bzw. einer Plattform) lassen sich Vermarktung und Service so effizient organisieren, dass den wesentlich höheren Anforderungen digitaler interaktiver Netze Rechnung getragen wird. Die Strategie einer vertikalen Integration ist in der spezifischen Situation des deutschen TV-Kabelmarktes jedoch nicht empfehlenswert. Die mit der vertikalen Integration verfolgten Ziele lassen sich auch über entsprechende Harmonisierungsverträge zwischen unabhängigen Netzbetreibern realisieren. Der wettbewerbssichernde Effekt einer Harmonisierung über die beiden Netzebenen hinweg trägt den bestehenden Strukturen Rechnung und wird vor diesem Hintergrund auch eher die deutschen Wettbewerbshüter überzeugen können. Allerdings ist eine deutliche Entwicklung in Richtung Fusionen und strategischen Allianzen auf dem deutschen TV-Kabelmarkt nicht zu übersehen. Diese ökonomisch-betriebswirtschaftliche Entwicklung geht dabei Hand in Hand mit den technologischen Entwicklungen auf den Telekommunikationsmärkten:

„Ausgelöst durch die zunehmende Digitalisierung der Telekommunikation finden Konvergenzbewegungen auf mehreren Feldern statt. So werden zunehmend die mobilen und festen Kommunikationsnetze aufeinander abgestimmt und zu einer einzigen Infrastruktur verschmolzen. Langfristig wird sogar die vollständige Integration aller Kommunikationsnetze und Technologien erwartet. Zum anderen finden nicht nur innerhalb der Telekommunikation, sondern auch in ihrem Verhältnis zur Computer- und Unterhaltungsindustrie Konvergenzbewegungen statt. Die Branchen scheinen sich zu einer gemeinsamen „Bit-Industrie" (Hervorheb. i. Original) zu vereinen..." (Lechner 1999, S. 8).

Technologische Konvergenz führt zu einem „digitalen Fluss"

Das Zusammenfließen (die technologische Konvergenz) der einzelnen „Flüsse" Computer, Telekommunikation und Unterhaltungselektronik zu einem großen „digitalen Fluss", verstärkt somit auch die Kooperationsbereitschaft von Unternehmen aus diesen Branchen *(vgl. Abb. 34, in Anlehnung an Cunningham/ Fröschl 1999, S. 73).*

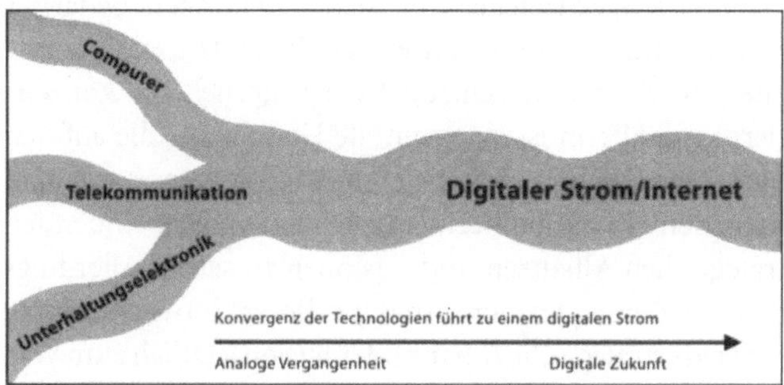

Abb. 34 Digitale Zukunft als Ergebnis der Konvergenz von Computer, Unterhaltungselektronik und Telekommunikation

Jeder Konsument soll von den digitalen Technologien profitieren können

Ziel der Konvergenz und der Kooperationen muss es sein, den Nutzen der digitalen Technologien zu jedem einzelnen Konsumenten zu bringen. Innerhalb der Computerindustrie war es der PC, der es ermöglichte, dass die Menschen zu Hause oder am Arbeitsplatz vom Einsatz eines Computers profitierten. Dagegen waren sowohl die Telekommunikation als auch die Unterhaltungselektronik schon immer an den Wünschen und Präferenzen der Endkunden ausgerichtet *(vgl. Cunningham/ Fröschl 1999, S.72f.)*.

Konvergenz schafft kundenorientierten Zusatznutzen

Das Zusammenfließen dieser drei Ströme mit dem Internet wird einen gewaltigen Zusatznutzen für die Konsumenten generieren. Entscheidende Voraussetzung für diese Entwicklung ist aber ein entsprechend leistungsfähiges, d.h. aufnahmefähiges „Flussbett". Die Betreiber der TV-Breitbandkabelnetze der Netzebene 4 stellen bereits heute eine entsprechende technologische Infrastruktur zur Verfügung, die neben den technologischen Kapazitäten insbesondere den Endkundenzugang garantiert. Auf dem digitalen Fluss müssen entsprechende Inhalte transportiert werden, die direkt und schnell, den individuellen Wünschen des Kunden entsprechend, übermittelt werden können. Die technologische Konvergenz auf Basis der TV-Breitbandkabelnetze ermöglicht somit die Individualisierung der Dienste, Leistungen und Inhalte in der digitalen Ökonomie.

Darüber hinaus erfordert die Globalisierung der Märkte sowie die Beschleunigung der Innovationsprozesse zunehmend den Einsatz digitaler, multimedialer Technologien bei der Abwicklung von Kommunikations- und Geschäftsprozessen innerhalb der Unternehmen bzw. zwischen den oftmals räumlich getrennten Unternehmenseinheiten.

Um derartige Strategien realisieren zu können, bedarf es des Zusammenführens zahlreicher Kompetenzen, die mitunter innerhalb unterschiedlichster Unternehmen konzentriert sind. Hierin ist eine zentrale Ursache für die auf den Telekommunikationsmärkten im Allgemeinen sowie dem deutschen TV-Kabelmarkt im Besonderen zu findenden strategischen Allianzen und Fusionen zu sehen. Allerdings lohnt sich eine genauere Analyse dieser Entwicklung, da nicht jede strategische Allianz oder Fusion letztlich zum Vorteil der Kunden erfolgt.

Strategische Ausrichtung der Kooperationspartner

Strategische Allianzen bezeichnen eine Form der Zusammenarbeit (Kooperation) von Unternehmen, die als zentrales Element eine strategische Ausrichtung aufweisen *(vgl. Höfer 1997, S. 9)*. Im Rahmen der Definition von strategischen Allianzen erfolgt die Ausrichtung der Kooperationspartner auf gemeinsame Ziele in der Absicht,

- über die Verknüpfung der Wertschöpfungsketten strategische Wettbewerbsvorteile zu erreichen sowie

- eigene Schwächen durch die Stärken des anderen zu kompensieren, indem eine Vereinigung der individuellen Kompetenzen erfolgt *(vgl. hierzu ausführlich Höfer 1997, S 12 ff.)*

Während bei der strategischen Allianz die beteiligten Unternehmen eine juristische und eingeschränkte wirtschaftliche Unabhängigkeit voneinander aufweisen, geht im Rahmen einer Fusion auch die rechtliche Unabhängigkeit verloren *(vgl. Aberle 1992, S. 58)*.

Synergieeffekte auf digitalen Märkten

Ein zentrales Argument für die Fusionen und strategischen Allianzen ist in den für digitale Märkte charakteristischen Synergieeffekten zu sehen. Die Telekommunikation ist insbesondere im Bereich ihrer Basisdienste ein volumenabhängiges Geschäft, welches auf kostenintensiven Infrastrukturen basiert. Neben den einmaligen Aufbaukosten, die gewöhnlich in einem Zeitraum von zwanzig bis dreißig Jahren abgeschrieben werden, fallen insbesondere fixe Wartungs- und Upgrade-Kosten ins Gewicht. Je besser sich also die Auslastung der Netze mit Inhalten und Diensten gestaltet, desto geringer fallen die durchschnittlichen Kosten für einen Kommunikationsvorgang aus. Gemeinsam nutzbare Netze, Billingsysteme etc. führen hier zu erheblichen Kosteneinsparungen. Darüber hinaus lassen sich Synergieeffekte auch in einer Reihe von anderen Fällen realisieren: So beispielsweise beim gemeinsamen Einkauf von Telekommunikationsausrüstung oder Inhalten, die über die gemeinsamen Netze vertrieben werden sollen *(vgl. Lechner 1999, S. 14)*.

Verschmelzung beiderseitiger Wissenspotenziale

Neben diesen letztlich auf Größeneffekten basierenden Synergien, ermöglichen strategische Allianzen bzw. Fusionen den Zugriff auf eine erweiterte Wissensbasis. Diese Partizipation an beiderseitigem Know-how ermöglicht den Erfahrungs- bzw. Wissensaustausch im Hinblick auf technologische, marktbezogene und organisatorische Aspekte der Betreibung von Breitband-TV-Kabelnetzen sowie im Hinblick auf die Einbringung neuer Dienste und Leistungen in diese Netze. In der Verschmelzung der bisher isolierten „Ideenkombüsen" zu gemeinsam betriebenen „Ideenküchen" wird ein zentraler Wettbewerbsvorteil in einer technologie- und wissensintensiven Branche, wie sie die Multimedia-Branche darstellt, gesehen.

Die Betreiber der Netzebene 4 verfügen über einen wichtigen Aktivposten: den Zugang zum Endkunden. Je mehr Haushalte bzw. Kunden sie mit ihren Netzen erreichen, desto wertvoller sind ihre Netze. Die Verbindung einzelner Netzwerke untereinander schafft gemeinsame Übertragungsinfrastrukturen, innerhalb derer sich positive Rückkopplungen realisieren lassen. Positive Rückkopplung bedeutet, dass mit steigender Zahl an Haushalten, die an ein innovatives TV-Breitbandkabelnetz angeschlossen sind, der Nutzen für jeden Einzelnen steigt, wenn er ebenfalls daran angeschlossen ist und hierüber neben dem Fernsehen auch Telefonie und Internetzugang nutzen kann. Hierin kann ein Vorteil strategischer Allianzen und Fusionen gesehen werden. Entscheidend ist allerdings, dass derartige Zusammenschlüsse dem Konsumenten zugute kommen und nicht der Zementierung neuer Monopolmacht dienen. Daher ist auch an dieser Stelle nochmals auf die Strategie der Harmonisierung zu verweisen, welche die Vorteile einer vertikaler Integration mit denen eines Wettbewerbsmarktes zu verbinden vermag.

Auch die Ex-Monopolisten der Telekommunikationsbranche versuchen über Allianzen und Fusionen, sich den Zugang auf neue Märkte zu erschließen. Mit Hilfe von Diversifikations- und Internationalisierungsstrategien beabsichtigen sie, Marktanteilsverluste, die sie im Rahmen der Liberalisierungsanstrengungen auf ihren Heimatmärkten hinnehmen müssen, zu kompensieren *(vgl. Lechner 1999, S. 15)*. Aufgrund ihrer in vielen Bereichen immer noch marktbeherrschenden Position müssen strategische Allianzen und Fusionen bei diesen Unternehmen allerdings sehr kritisch verfolgt werden. Hier ist immer eine latente Gefahr der „Remonopolisierung" gegeben.

5.4 Die Internationalisierung in der Telekommunikation

Vertikale Integration, strategische Allianzen und Technologieplattformen gehen letztlich einher mit dem Megatrend des Informations- und Kommunikationszeitalters: der Internationalisierung.

So werden im Zuge der Globalisierung der Wirtschaft in der Telekommunikation und insbesondere auch bei den TV-Kabelnetzbetreibern verstärkt internationale Allianzen gebildet. Derartige Allianzen nähren oftmals den blinden Verdacht, dass damit primär Ziele der Wettbewerbsbehinderung bzw. -ausschaltung verfolgt werden. Die Intention solcher Strategien ist jedoch eine andere: Fusionen bzw. Allianzen erhöhen die dringend gebotene Finanzkraft und Investitionsstärke und fördern somit die gemeinsame Umsetzung vorlaufinvestitionsintensiver Standards auf den Telekommunikationsmärkten.

Die Internationalisierung der Telekommunikation ist eingebettet in eine Reihe von Globalisierungstendenzen, die viele Industrien erfasst hat. Der laufende Prozess der zunehmenden Konvergenz, die weltweite Liberalisierung der Telekommunikation und die Ausbreitung des Internets und anderer Online-Dienste führen zur Bildung neuer internationaler Marktstrukturen. Traditionell getrennte Technologien der Daten- und Sprachübertragung können auf der IP-Plattform des Internets gemeinsam realisiert werden. Herausragendes Beispiel dafür ist die Internet-Telefonie. In der Anwendungsebene und auf Seite der Systemhersteller wachsen unterschiedliche Kommunikations- und Computertechnologien zusammen.

1996 wurden mehr als 15% des Gesamtwertes weltweiter Fusionen und Übernahmen von Unternehmen in der Kommunikations- und Informationsindustrie getätigt. Einschlägige Untersuchungen belegen, dass wirtschaftlich gut entwickelte Volkswirtschaften deutliche Wachstumseffekte aus grenzüberschreitenden Integrationsbemühungen realisieren; kleinere Volkswirtschaften ziehen aufgrund von Skaleneffekten überproportionale Vorteile aus der Internationalisierung *(vgl. Pelzel 2001, S. 29)*. Aus einer gesamtwirtschaftlichen Perspektive heraus schaffen diese internationale Kooperationen für alle Beteiligten gegenseitige Vorteile (Win-Win-Situationen).

Es ist erkennbar, dass die global führenden Telekommunikationsunternehmen damit begonnen haben, in einer Art Wettrennen untereinander (Konkurrenz der Plattformen) multinationale Telekommunikationsgiganten bzw. -allianzen zu schaffen. Mit der Eroberung neuer Marktfelder soll der Rückgang der Marktanteile in den liberalisierten Märkten der ehemaligen Monopolisten kompensiert und gleichzeitig eine angemessene Reaktion auf die Globalisierung der Telekommunikationsaktivitäten von branchenfremden Großunternehmen erreicht werden. Diese Entwicklung kann der Anfang eines umfassenden Konsolidierungsprozesses sein, an dessen Ende nur wenige Unternehmen als Sieger hervorgehen *(vgl. Pelzel 2001, S. 31f.)*. Eine derartige Entwicklung muss aus wettbewerbsökonomischer Perspektive jedoch nicht zwangsläufig kritisch betrachtet werden. Auf den dynamischen Informations- und Kommunikationsmärkten erfolgt der Wettbewerb letztlich über Innovationen. Technischer Fortschritt kann hier jede siegreiche Plattform mit monopolistischer oder oligopolistischer Position innerhalb kürzester Zeit erodieren *(vgl. Knieps 2001, S. 112)*.

6 Fazit

Im Gegensatz zu zahlreichen anderen Publikationen zum Thema Telekommunikation und Digitalisierung, die hauptsächlich die Anwendungsebene der digitalen Märkte (beispielsweise das Internet) in den Mittelpunkt ihrer Betrachtung stellen, wurde im Rahmen der vorliegenden Untersuchung die der Anwendungsebene vorgelagerte Stufe der Netzinfrastrukturen thematisiert. Die Ebene der Netzinfrastrukturen bedarf dabei dringend einer bestimmten Regelgestaltung von Seiten der Politik (Ordnungspolitik). An diesen Regeln ausgerichtete Unternehmensstrategien (Coopetition) schaffen die Voraussetzung, um das Potenzial der nachgelagerten Anwendungsebenen (der Multimedia-Welt) erfolgreich erschließen zu können.

Der Zugang zu Internet, digitalem Fernsehen und zur restlichen Multimedia-Welt bedarf einer entsprechend hoch technologisierten Infrastruktur. Mit den Kabelfernsehnetzen ist in Deutschland eine Infrastruktur gegeben, die allen Verbrauchern einen gleichsam einfachen wie kostengünstigen Zugang zur digitalen Medienzukunft garantieren kann. Jedoch ist der Verbraucher nicht zwingend auf das Fernsehkabel festgelegt. Kabel-TV und Satelliten-TV stehen in weiten Teilen in Konkurrenz zueinander. Aufgrund der Konvergenz von Telekommunikation, Fernsehen und Internet entstehen hierbei telekommunikationsrelevante Überlappungen der beiden Übertragungstechnologien. Hieraus werden intensive Wettbewerbsbeziehungen resultieren, die ausschließlich über technologische und ökonomische Neuerungen ablaufen werden. Ein Innovationswettbewerb bedeutet, dass eine Bedrohung von außen gegeben ist: Neue, bis dato unbekannte, Unternehmen können mit neuen Technologien und Produkten in die angestammten Märkte eindringen und diese grundlegend verändern. Dieser potenzielle Wettbewerb, das zeigen Erfahrungen der Vergangenheit, ist charakteristisch für alle Technologiemärkte. Insofern ist die Fixierung auf oligopolistische Marktstrukturen auf dem deutschen TV-Kabelmarkt einseitig und wird den realen Gegebenheiten nicht gerecht. Mehr denn je ist es erforderlich, den Gesamtzusammenhang zu kennen und ihn bei der Beurteilung der Wettbewerbssituation auch entsprechend zu berücksichtigen.

Letztlich findet eine Verlagerung der Konzentrationsproblematik auf die globale Ebene statt, so dass einfache, an der lokalen Situation ausgerichtete Lösungen, in keinem Fall zu wettbewerbspolitisch befriedigenden Lösungen führen können.

Literaturverzeichnis

Aberle, G. (1992): Wettbewerbstheorie und Wettbewerbspolitik, 2. Auflage, Stuttgart 1992.

Beckmann, M. (1999): Ökonomische Analyse Deutscher Auktionen, Wiesbaden 1999.

Blankert, C.B./Knieps, G. (1992): Netzökonomik, in: Jahrbuch für neue politische Ökonomie, Bd. 11, 1992, S. 73–87.

Bleicher, K. (1999): Das Konzept Integriertes Management: Visionen, Missionen, Programme, 5. Auflage, Frankfurt 1999.

Bullinger, J./Brettreich-Teichmann, W./Wiedmann, G. (1997): Kundenorientierte Dienstleistungsunternehmen – Intelligente Produkte und kreative Organisationsmodelle, in: Strategien im Umbruch: Neue Konzepte der Unternehmensführung, hrsg. von Perlitz, M./Offinger, A./Reinhardt, M./Schug, K., Stuttgart 1997, S. 67–82.

Burr, W. (1995): Netzwettbewerb in der Telekommunikation, Wiesbaden 1995.

Burr, W. (2001): Theoretische Ansätze zur Erklärung der vertikalen Integration – am Beispiel der Film- und Fernsehbranche, in: Kompetenzen moderner Unternehmensführung, hrsg. von v.d. Oelsnitz, D./Kammel, A., Bern 2001, S. 335–360.

Cunningham, P./Fröschl, F. (1999): Electronic Business Revolution. Opportunities and Challenges in the 21st Century, Berlin 1999.

Donges, J.B. (1998): Was heißt Globalisierung?, in: Die Rolle des Staates in einer globalisierten Wirtschaft, hrsg. von Donges, J.B./Freytag, A., Stuttgart 1998, S. 1–7.

Donges, J.B./Freytag, A. (2001): Allgemeine Wirtschaftspolitik, Suttgart 2001.

Downes, L./Mui, C. (1999): Auf der Suche nach der Killer-Applikation. Mit digitalen Strategien neue Märkte erobern, Frankfurt a.M. 1999.

Dürr, J. (2000): Digitales und interaktives Fernsehen, in: E-Business – Handbuch für den Mittelstand, hrsg. von Bullinger, H.J./Berres, A., Berlin 2000, S. 1049–1059.

Eckstein, E. (1996): Interaktives Fernsehen im Internet, in: Funkschau 17/1996, S. 22–29.

Ehrmann, Th. (1999): Markt- und Wertschöpfungsstrukturen in der Telekommunikation, in: Handbuch Telekommunikation und Wirtschaft: Volkswirtschaftliche und Betriebswirtschaftliche Perspektiven, hrsg. von Fink, D./Wilfert, A., München 1999, S 33–48.

Erlei, M./Leschke, M./Sauerland, D. (1999): Neue Institutionenökonomik, Stuttgart 1999.

Eucken, W. (1990): Grundsätze der Wirtschaftspolitik, 6. Auflage, Tübingen 1990.

Finsinger, J. (1991): Wettbewerb und Regulierung, München 1991.

Fredebeul-Krein, M. (1998): Nationale Dienstleistungsmärkte im globalen Wettbewerb: Notwendige Regulierungsreformen am Beispiel der Telekommunikation, in: Die Rolle des Staates in einer globalisierten Wirtschaft, hrsg. v. Donges, J./Freytag, A., Stuttgart 1998, S. 237–260.

Fritsch, M./Wein, Th./Ewers, H.-J. (1996): Marktversagen und Wirtschaftspolitik: Mikroökonomische Grundlagen staatlichen Handelns, 2. Auflage, München 1996.

Gates, B. (1999): Digitales Business. Wettbewerb im Informationszeitalter, München 1999.

Gerpott, T. J. (1998): Wettbewerbsstrategien im Telekommunikationsmarkt, 3. Auflage, Stuttgart 1998.

Glotz, P. (2001): Ron Sommer. Der Weg der Telekom, Hamburg 2001.

Gries, Ch.-I. (1998): Motive und Strukturen von Unternehmungsbeziehungen deutscher Telekommunikationsanbieter, Köln 1998.

Gröner, H./Köhler, H./Knorr, A. (1995): Liberalisierung der Telekommunikationsmärkte, Bern 1995.

Hayek, F. A. v. (1986): Recht, Gesetzgebung und Freiheit, Band 1: Regeln und Ordnung, 2. Auflage, Landsberg am Lech 1986.

Hayek, F. A. v. (1994): Der Wettbewerb als Entdeckungsverfahren, in: Freiburger Studien, 2. Auflage Tübingen 1994, S. 249–265.

Höfer, S. (1997): Strategische Allianzen und Spieltheorie: Analyse des Bildungsprozesses strategischer Allianzen und planungsunterstützender Einsatzmöglichkeiten der Theorie der strategischen Spiele, Köln, 1997.

Horrocks, R./Scarr, R. (1993): Future Trends in Telecommunications, Chilchester 1993.

Kasper, W./Streit, M.E. (1999): Institutional Economics. Social Order and public Policy, Cheltenham, 1999.

Kelly, K. (1998): New Rules for the New Economiy, New York 1998.

Kerber, W. (1997): Wettbewerb als Hypothesentest: Eine evolutorische Konzeption wissenschaffenden Wettbewerbs, in: Dimensionen des Wettbewerbs, hrsg. von v.Delhaes, K./Fehl, U.:, Stuttgart 1997, S. 29–78.

Knetsch, W. (1999): Telekommunikation als Schrittmachertechnologie des 21. Jahrhunderts, in: Handbuch Telekommunikation und Wirtschaft: Volkswirtschaftliche und Betriebswirtschaftliche Perspektiven, hrsg. von Fink, D./Wilfert, A., München 1999, S. 19–32.

Knieps, G. (1985): Entstaatlichung im Telekommunikationsbereich, Tübingen 1985.

Knieps, G. (1999): Deregulierung und die Dynamik des Wettbewerbs in der Telekommunikation, in: Die Dynamik der Telekommunikationsmärkte als Herausforderung an die Wettbewerbspolitik, hrsg. von Oberender, P., Berlin 1999, S. 9–14.

Knieps, G. (2001): Wettbewerbsökonomie: Regulierungstheorie, Industrieökonomie, Wettbewerbspolitik, Berlin 2001.

Kowalski, A. (1997): Die Marktprozeßanalyse der Harvard School und neuere Systemtheorie, Duisburg 1997.

Krüger, W. (1993): Organisation der Unternehmung, 2. Auflage, Stuttgart 1993.

Lechner, Ch. (1999): Die Entwicklung von Allianzsystemen. Überlegungen an einem Beispiel der Telekommunikationsindustrie, Bern 1999.

Leebaert, D. (1998): Present at the Creation, in: The Future of the Electronic Marketplace, hrsg. von Leebaert, D. Cambridge 1998, S. 1–33.

Merkt, J. (1998): Wettbewerb im Local Loop. Strukturwandel und Netzwettbewerb in Telekommunikationsortsnetzen, Baden-Baden 1998.

Müller, P. (1995): Telekommunikation in der Europäischen Union. Innovative Kommunikationstechnologien im Spannungsfeld von staatlicher Regulierung und Marktdynamik, Freiburg 1995.

Müller, E. (1999): Standortfaktor Informationstechnologie, in: Die Dynamik der Telekommunikationsmärkte als Herausforderung an die Wettbewerbspolitik, hrsg. von Oberender, P., Berlin 1999, S. 15–28.

Nalebuff, B./Brandenburger, A. (1996): Coopetition - kooperativ konkurrieren: Mit der Spieltheorie zum Unternehmenserfolg, Frankfurt a.M. 1996.

Neumann, K.-H. (1999): Marktzutrittsschranken und Markteinstrittsstrategien im deutschen Telekommunikationsmarkt, in: Die Dynamik der Telekommunikationsmärkte als Herausforderung and die Wettbewerbspolitik, hrsg. von Oberender, P. Berlin 1999, S. 73–88.

Ohmae, K. (2001): Der unsichtbare Kontinent – Vier strategische Imperative für die New Economy, Wien/Frankfurt 2001.

Olten, R. (1998): Wettbewerbstheorie und Wettbewerbspolitik, 2. Auflage, München 1998.

Osterloh, M./Frost, J. (1996): Prozeßmanagement als Kernkompetenz. Wie Sie Business Reengineering strategisch nutzen können, Wiesbaden 1996.

Pelzel, R. (2001): Deregulierte Telekommunikationsmärkte. Internationalisierungstendenzen, Newcomer-Dynamik, Mobilfunk- und Internetdienste, Heidelberg 2001.

Pfähler, W./Wiese, H. (1998): Unternehmensstrategien im Wettbewerb. Eine spieltheoretische Analyse, Berlin 1998.

Picot, A./Reichwald, R./Wigand, R. (1996): Die grenzenlose Unternehmung. Information, Organisation und Management, Wiesbaden 1996.

Porter, M.E. (1999): Wettbewerb und Strategie, München 1999.

Schanz, G. (1994): Organisationsgestaltung. Management von Arbeitsteilung und Koordination, 2. Auflage, München 1994.

Shapiro, C./Varian, H.R. (1999): Information Rules: A strategic Guide to the Network Economy, Boston 1999.

Scherer, F.M./Ross, D. (1990): Industrial Market Structure and Economic Performance, 3. Auflage, Boston 1990.

Schmidt, I. (1996): Wettbewerbspolitik und Kartellrecht, 5. Auflage, Stuttgart 1999.

Schrape, K. (1995): Digitales Fernsehen: Marktchancen und ordnungspolitischer Regelungsbedarf, München 1995.

Schrape, K (2000): Das Potential der deutschen Breitbandkabelnetze im Multimedia-Zeitalter. Notwendige Investitionen und Erfolgsaussichten, Vortrag gehalten anlässlich des Kabelforums 2000 im Roten Rathaus, am 8.12.2000 in Berlin.

Schrape, K./Hürst, D./Blau, M. (1999): Kabelfernsehmarkt Deutschland im Umbruch. Präsentation auf den Medientage München 1999.

Streit, M.E. (1991): Theorie der Wirtschaftspolitik, 4. Auflage, Düsseldorf 1991.

Viscusi, W.K./Vernon, J.M./Harrington, J.E. Jr. (1998): Economics of Regulation and Antitrust, 2. Auflage, Massachusetts 1998.

Welfens, P./Graack, J. (1996): Telekommunikationswirtschaft: Deregulierung, Privatisierung und Internationalisierung, Berlin 1996.

Welfens, P. (1999): Competition, Privatization and Foreign Direct Investment in network Industries, in: Towards Competition in network Industries, hrsg. v. Welfens, P./Yarrow, G./Grinberg, R./Graack, C., Berlin 1999, S. 11–53.

Zerdick, A./Picot, A. Schrape, K. (1999): Die Internet-Ökonomie. Strategien für die digitale Wirtschaft, Berlin 1999.

Anhang: Tabellen und Charts zur Struktur der TV-Kabelnetze in Deutschland

Struktur der TV-Kabelnetze

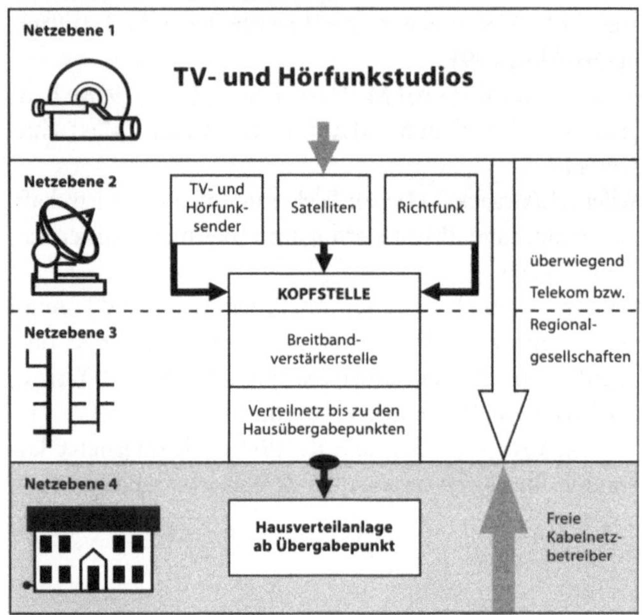

Quelle: ANGA

Kabel-TV: Marktdaten Deutschland (Stand 1999)

Bevölkerung	82.210.000
Haushalte	39.594.000
TV-Haushalte	37.802.000
Anschließbare Haushalte	26.000.000
Angeschlossene Haushalte	22.000.000
Einspeisung Digital-TV	550.000
BK-Internet-Nutzer	—
BK-Telefonie-Nutzer	—
Anzahl Kopfstellen	1.227.000
Anzahl Antennenanlagen	3.042.000
Durchschnittliche monatl. Kosten für Kabelanschluss	DM 24,90

Quelle: European Cable Yearbook 2000/2001